粤菜大师技法丛书

何世晃经典粤点技法

中国功勋烹饪艺术家
七十余年丰富宝贵的从业经验
中国烹饪大师终身成就奖荣获者

全新修订

何世晃 著

SPM 南方出版传媒
广东科技出版社｜全国优秀出版社
·广州·

诗与书法

何世晃

元老级中国烹饪大师，南粤点心泰斗之一，荣获中国烹饪大师终身成就奖，是中国功勋烹饪艺术家。

1933年出生于广东省佛山市，中共党员，原广州市第八届人大代表，现任中国烹饪协会理事、餐饮业国家一级评委、广东烹饪协会名誉会长、广东烹饪协会点心专业委员会荣誉主席、广式点心师联谊会创会会长、深圳烹饪协会荣誉会长。其先后在广州南亚居、大华酒家、大同酒家、南方大厦酒楼从事烹饪工作，师从罗坤大师，2007年荣获“全国餐饮业特殊贡献奖”，2009年荣获“中国餐饮业功勋人物”称号（全国共60名），2011年荣获“全国发展粤菜十大功勋人物”称号。代表作：亲笔著《粤点诗集八十首》《粤菜诗集——常见粤菜的制作方法和技巧》，编著了《广州点心教材》，主编了《中式西点工艺实训（广式面点）》，并主笔（与黄辉、麦锡合作）编写了《罗坤点心选》四本。

勉之

天公待我不薄
尚能體智常凡
弘揚粵點盡責
為善決不後人
夕陽時光兜哭
笑看歲月風雲

戊戌中秋前夕
年方八十五 何世堯書

激厲前行齊奮進
初心銘記志成誠
白鶴潭水深千尺
不及彭余敬老情

戊戌秋日 何世堯並書

敬老情

月到中秋分外明
黄昏人約柳梢迎
重臨寶地齊歡叙
笑語連聲話不停

》作者在2018年中秋之夜受白天鹅宾馆宴请而作（彭余：彭树挺、余立富，两位均为白天鹅宾馆的负责人）

》2017年2月，荣获“中国功勋烹饪艺术家”称号，由东方美食大匠传承组委会颁发

》2009年10月，荣获“中国餐饮业功勋人物”称号（全国共60名），由中国烹饪协会颁发

》2014年5月，荣获“中国烹饪大师终身成就奖”，由中国烹饪协会颁发

》2018年10月，荣获“中国烹饪大师名人堂”尊师称号，由中国烹饪协会颁发

CCA
中国烹饪协会
China Cuisine Association
證書
中国烹饪协会顶级烹饪大师匠传委员会
委员
何世晃
中国烹饪协会六届理事会
2019年6月

》作者与中国烹饪协会会长杨柳

》作者与香港食神梁文滔

》潘鹤老先生题词“点心精华”

》作者与广州地区部分徒弟合影

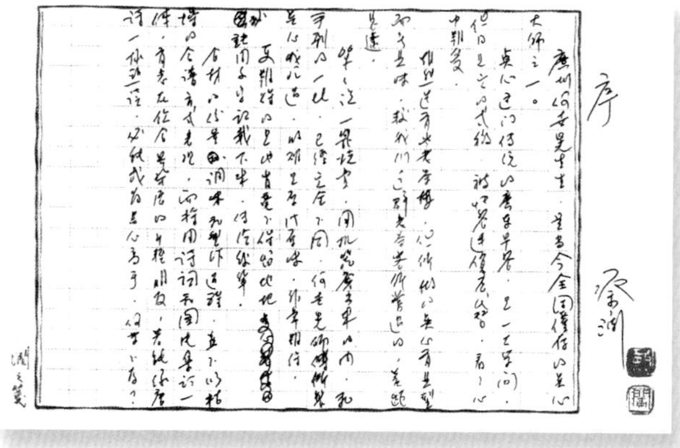

序

广州何世晃先生，是当今全国仅存的点心大师之一。

点心这种传统的广东早餐，是一大学问，但日见式微，被快餐代替，看了心中难受。

广东虽然还有些老茶楼，但所做的点心有其形而无其味，较我们这群老茶客所尝过的，差距甚远。

单单一笼烧卖，用机器磨出来的肉，和手剁的一比，已经完全不同。何世晃师傅做的点心，原汁原味，非常难得。

更难得的是，他毫不保留地把秘诀用文字记载下来，传给后辈。

本书食材的分量、调味及制作过程，并不以枯燥的食谱方式表现，而将用诗词和图片集于一体的形式。有志在饮食界发展的年轻朋友，若能像唐诗一样熟读，必能成为点心高手，何乐不为？

蔡澜

» 蔡澜先生为本书亲笔作序

序一

何世晃先生，是当今全国仅存的老一辈点心大师之一。

点心这种传统的广东早餐，是一大学问，日见式微，被快餐代替，我心中难受。

广东虽然还有些老茶楼，但所做的点心有其形而无其味，较我们这群老茶客所尝过的差距甚远。

单单一笼烧卖，用机器磨出来的肉，和手工剁的一比，已经完全不同。何世晃师傅所制的点心我吃过，确实原汁原味，非常难得。

更难得的是，他毫不保留地把秘诀用文字记载下来，传给后辈。

本书食材的分量、调味及制作过程，并不以枯燥的食谱方式表现，而采用诗词和图片集于一体的形式。有志在饮食界发展的年轻朋友，若能像唐诗一样熟读，必能成为点心高手，何乐不为？

» 作者与蔡澜

蔡澜

序二

中国烹饪源远流长，是中华民族文化宝库璀璨的瑰宝，与法国烹饪、土耳其烹饪齐名，并称为世界三大风味体系。

中国烹饪的独特之处，可以概括为六个字：色、形、香、味、滋（食品的质感）、养（食品的营养），六者必须相辅相成、融会一体，方能使人们的视觉、嗅觉、触觉、味觉获得综合享受。其中，又以味的享受为核心，以养的享受为目的。

美食烹饪工艺流程须广采博取，充分利用优选原料；精细加工，组配平衡的切配加工；讲究火候，注重口感的烹制技法；善于调和，追求风味的调味工艺；结构合理，构建主副分明的膳食体制……美馔如此，面点亦然。烹饪艺术是一门视觉、嗅觉、味觉的综合艺术，烹调（面点）师是创作者。

中国烹饪是文化，是科学，是艺术，是中华民族宝贵、丰厚的文化遗产。研究它，开拓它，不仅可以为人类提供美味的艺术享受，而且与人类生存、发展与素质提高息息相关，值得我们贡献出智慧和力量。

广式点心以其精小雅致、款式常新、新鲜味美、适时而食、洋为中用、古为今用的特色而名扬中外。它是历代名师遗留下来的丰富的文化财富，是现代名师在继承优良传统技术的基础上，以赶超前人的气魄，勇于改革创新，并以科学的理论为根据，融会南北之精华，综合中西的特点，经长期实践积累的丰硕成果。

点心的制作万变不离其宗，靠的是充分发挥固有的烹饪技艺，合理搭配，口味常新，花式常变，风味常换，型格常创。新派点心是一个令人瞩目的新课题，而勇于创新、善于创新是一个永恒的主题！

有鉴于此，首批中国烹饪大师、南粤点心泰斗之一的何世晃先生，经过多年的默默耕耘，倾注心血，几易其稿，终于出版了《何世晃经典粤点技法》一书，奉献给大家，其精神可嘉，文采可赞，风格可誉，技艺可夸！

何世晃大师，广东佛山人，1932年出生， 中共党员，15岁入行，师从罗坤大师，先后在广州南亚居、大华酒家、大同酒家、南方大厦酒楼工作。1993年在南方大厦酒店（时任餐厅部经理）退休，至今在粤点美食领域驰骋逾70个春秋。他曾是广州第八届人大代表、中国烹饪协会理事、餐饮业国家一级评委。20世纪70年代起至今就受聘于广州市旅游职业学校任技术顾问。四十多年来，何世晃大师在课堂中传授其精湛技艺，致力于培养新一代品学兼优的点心师，真是“桃李满天下，弟子遍神州”。 何世晃大师还是广东烹饪协会、广州地区饮食行业协会、广州地区烹饪协会的技术顾问。在著作编写上，他是《广州点心教材》的主编，并主笔（与黄辉、麦锡合写）《罗坤点心选》四本，即《蔬果点心》《星期美点》《四季点心》《筵席点心》，主编《中式面点工艺实训（广式面点）》。

大师退休后，以其渊博的理论知识、深厚的技术功底、丰富的实践经验，专注于粤点技艺的钻研，成为粤点创新的倡导者，并指导众多的餐饮企业，推动了广州地区点心技艺的持续发展，为“食在广州”的招牌续创辉煌做出卓越贡献！

何大师80多岁高龄，仍然活跃在粤点制作第一线，“教徒弟，站案板，研新点，谋发展”。近年来，何大师所创新的粤点，“款款新意，件件精品，迎合市场，宾客赞赏”，体现出前

卫与潮流。何大师的专著《何世晃经典粤点技法》，集文采、粤点技法、秘诀于一体，图文并茂，“妙笔生花，诗意盎然”，“诗中韵味乐无穷，烹饪技艺尽其中”。何世晃大师将古诗之韵律与广州点心的形、技、秘结合，在近代饮食史上，确实是“前无古人”之创举。他将毕生经验与体会无私地奉献给社会，令人敬佩！

本书的出版，对南粤点心界是一个福音，也是对中华饮食文化的重大贡献！

在此书出版之际，特赋诗一首，赠何世晃大师。

沐春风

喜看珠江长流水，
饮食辈出英雄，
大师新作适时空。
名点风范在，
创新点正红。
同侪傲立新塔上，
笑沐改革春风。
捷报频传意更浓，
造福同业事，
尽在毕生中。

胡学铭

（原广东烹饪协会、广州地区饮食行业协会、广州地区烹饪协会副秘书长）

序三

何大师的《何世晃经典粤点技法》终于要付梓了，手翻书稿，心生敬意，真是“字字凝心血，点点心花开”。

何世晃大师从业70余载，见证了广式点心的发展。他对广式点心制作有丰富的经验，技艺造诣深厚，具有深厚的文化底蕴和坚实的理论基础。早在二十世纪六七十年代，他已受聘于广州市二商学校和广州市旅游职业学校，担任点心专业的兼职教师和教学顾问，并参编了《广东点心中级技术教材》，精心培养了几千名点心师，的确是“桃李满天下，弟子遍神州”。在20世纪80年代初，他与几位老一辈的师傅一起整理出版的《罗坤点心选》，更使广式点心名闻中外。

1988年，在北京举办的第二届全国烹饪大赛中，何世晃大师出任广东队面点参赛选手夏世邦等3人的指导教练。经过他的精心指导，夏世邦等3人制作的9款点心获得了5枚金牌、4枚银牌的优异成绩，为广东队夺得团体冠军立下了汗马功劳。

何世晃大师退休后，仍致力于广式点心的制作和创新研究，广泛考察各地的创新品种，搜集了丰富的资料，发掘面点的优秀文化遗产。他还经常深入全省各地，无私地对新一辈人才进行技术指导。为了不使传统的广式点心制作技艺失传，他还精心策划了“何世晃大师师徒粤点精髓演绎讲座”，得到了传媒及业内人士广泛的好评和高度的赞誉。

《何世晃经典粤点技法》是何大师多年的心血，本书收录了100款广式传统点心，每一款点心都配上一首七言绝句，既有广式名点的历史典故，又有平仄相韵、贴切准确、图文并茂的特点。他可以称得上是粤点诗词创作第一人。书中所有的点心规格、配方、制作、技法均是经过何世晃大师师徒多次反复试制、调配改良而确定的，实用性强，既可作为专业人士的参考文献，也可作为诗词爱好者的收藏佳品，更可作为各职业培训机构广式点心专业实操培训的参考教材。

《何世晃经典粤点技法》的出版，使丰富的广式点心宝库更加充实，为中国饮食文化增添了异彩。

何世晃大师在中国烹饪协会成立20周年之际，荣获“全国餐饮业特殊贡献奖”；在中华人民共和国成立60周年大庆之际，他获得中国烹饪协会“中国餐饮业功勋人物”的殊荣（全国共60名），可谓实至名归。在此，衷心祝愿这棵餐饮界的“常青树”继续为餐饮业的腾飞做出新贡献！

徐丽卿
（广州市技师协会餐饮分会副会长、
广东省中式面点技能鉴定专家组组长）

目录

目录

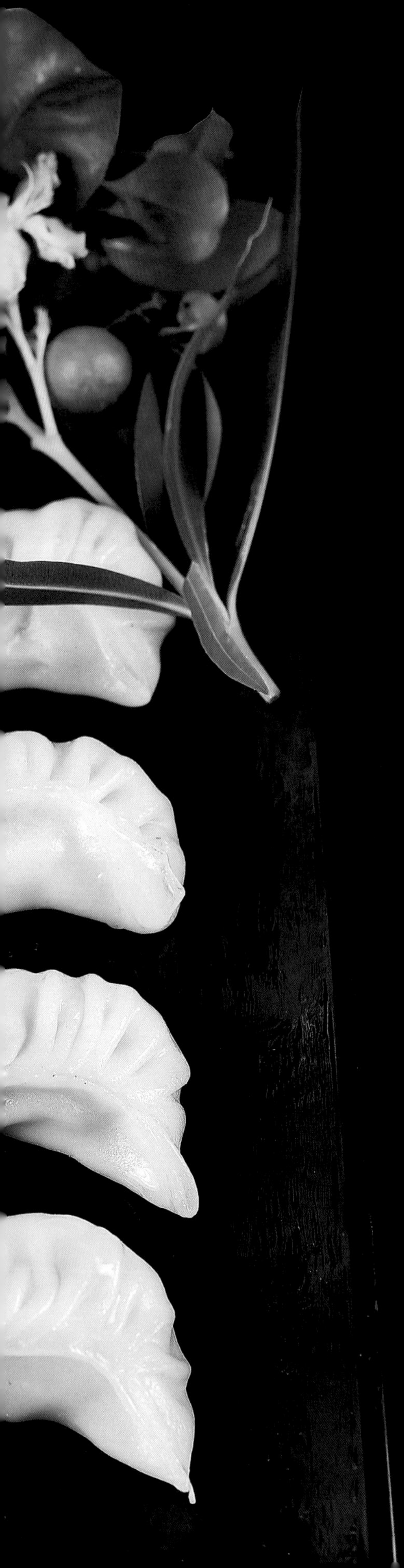

【诗意】

虾饺的内涵：皮薄馅靓，虾仁嫣红，浅尝之下，淡淡香液。诚为粤点之奇葩！

鲜虾饺

虾餃～嘆咏

倒扇羅帷蟬透衣
嫣紅淺笑半含癡
細嘗頓感流香液
不枉嶺南獨一枝

何世晃竝书

【注释】

罗帏：丝制帷幔。

细尝：浅尝慢品。

诗赏析

第一句形象地描绘了饺皮褶皱的美态；第二句用『嫣红』二字与少女的梨涡浅笑将虾仁的质与形表述出来；第三句道出饺馅汁液之味美；第四句说明虾饺是南粤所独有的佳品。

作者以其生花妙笔将名点虾饺刻画得入木三分。这首诗构思巧妙，文采飞扬，托物寄情，引人遐想，具有无穷韵味，妙哉！

虾饺在广东点心历史上，可以说源远流长，它于19世纪20年代广州海珠区五凤村内，由当地的村民首先制作出来。五凤村是河涌交错的村落，河涌内有很多鱼虾，当地人把最新鲜的河虾剥壳，用米粉皮包裹后放入蒸笼，做出的虾饺透明、洁白、清爽，因而逐渐被引入茶楼酒馆，经过前辈们的不断创新，演变成今天最能代表广东点心特色且形似弯梳的虾饺。要做好虾饺，各个环节、各个方面都要非常注意，无论是烫澄面皮，还是做虾饺馅，从成形到加温蒸制，每个环节都要做好。如果馅拌得不好、蒸时欠火候或过熟都会影响虾饺的质量。现在的虾饺已经有多种样式，如兔仔饺、白菜饺、波浪饺、龙珠饺等，只要按照以下介绍去做，就可以融会贯通，制作出各种不同形状、不同款式的虾饺。

用料配方

❶ 皮的用料配方

澄面粉8两（400克）、优质生粉2两（100克）、猪油3钱（15克）、精盐1.5钱（7.5克）、清水约1.5斤（750克）

❷ 馅的用料配方

中等优质虾肉（吸水后计）7两（350克）、胡萝卜细丝1两（50克）、贡菜细丝1两（50克）、肥肉细丝（开水烫熟）1两（50克）、精盐1.5钱（7.5克）、白糖2钱（10克）、味精1钱（5克）、鸡精1钱（5克）、麻油1钱（5克）、胡椒粉3分（1.5克）、自炼猪油1两（50克）

制作方法

皮的制作方法

◎ 先将澄面粉、优质生粉筛过，加精盐后一起放入较易存热的容器（可用不锈钢容器），将沸水（100℃）倒入容器内，迅速用棍棒搅匀，盖上盖子放置约5分钟，澄面粉即被焗成糊化的熟澄面。

◎ 取出熟澄面放在案台上，揉至顺滑后加入猪油，再揉搓均匀，制作虾饺皮。

◎ 随即用洁净的湿布将虾饺皮盖好，防止其变干变硬。

馅的制作方法

将中等优质虾肉洗净，用干净白布吸干水分，取1两，用平刀压烂或剁烂，再将胡萝卜“飞水”（在开水里面稍微煮一下），沥干，切成细丝，贡菜也切成细丝，肥肉烫熟后吸干水分切成细丝。

把压烂的虾肉放入盆里，加入精盐打至胶状，反复打3分钟，再把其余的原料、调味料放入盆中搅拌，然后加入1两（50克）猪油拌匀，馅料拌好后放入冷柜速冻30分钟，待馅的油脂凝固，便可用于虾饺制作。

包馅造型

虾饺的一般皮重1.2钱（6克），馅重2.5钱（12.5克），亦可根据实际情况灵活掌握。先用特定的拍皮刀把澄面压成圆形的薄皮，包入馅后捏成弯梳的形状，制成虾饺后上蒸笼用猛火蒸熟。

制作关键

（1）烫澄面时一定要烫至变色，焗至熟透，否则对拍虾饺皮有很大影响，且澄面粉会变霉身（发霉）。怎样使澄面粉熟透糊化呢？一般要掌握好澄面粉与开水的比例，一定要一次性把足量的开水倒入澄面粉中搅拌，切莫在搅拌的过程中再添水，否则很容易烫不熟澄面粉。

（2）尽量用易导热的金属盆（铝盆或不锈钢盆），以保证有足够的热量把澄面粉烫熟，特别是在较冷的天气，容易烫不熟澄面粉。

（3）拌馅时要注意：制馅的虾一定要新鲜，如果虾不新鲜的话，可以用少量碱稍腌制后漂洗，再用布吸干水分使用。当然，质量不好的虾绝对不能用于制作虾饺，否则会影响成品的质量。

（4）鉴别虾饺是否蒸熟的方法：①小蒸笼的蒸气持续升腾约3分钟；②揭开笼盖，虾饺表面全部嫣红，有水珠，有光亮度。

化皮鲜虾饺

虾饺加温一般用蒸，另外，还可以制作化皮鲜虾饺。它与蒸虾饺的区别在于化皮鲜虾饺是在原来的虾饺皮烫熟后，每1斤（500克）熟澄面皮加入5个蒸熟的咸鸭蛋黄（先把咸蛋蒸熟，去掉蛋白后压烂，搓成蓉，再与熟澄面揉至顺滑），由于加入咸蛋黄而使皮成为微黄色的熟澄面皮。化皮鲜虾饺馅的做法是：在虾饺馅中增加5钱（25克）的猪油，按照弯梳饺的造型制作，包制后用中油温（约170℃）浸炸，一般3钱（15克）的虾饺约浸炸2分钟，虾饺在油锅中浮起后，起锅前要加大油温，将虾饺内的油逼出来，起锅后虾饺色泽呈淡金黄色，冷却后较长时间内可以保持皮的松化度。

由于在化皮鲜虾饺的馅中加大了猪油用量，所以，馅汁更加浓郁，成品入口后其馅汁更为滋润。因此，化皮鲜虾饺与蒸虾饺的风味截然不同，它既香脆又松化，达到齿颊留香的效果，且皮身不易回软，确实不失为另一种风味的名点。

娥姐粉果

【诗意】

粉果形状犹如长空中的半弯明月；馅料所选均为珍奇之精品；用手摇粉果，其馅有振动之感；此品为娥姐首创，故行内素有「娥姐粉果」的美称。

半彎銀月耀長空
精選佳珎盡此中
玉臂輕摇微動感
廿爲娥姐補奇功

娥姐粉果～記功

【注 释】

玉臂：白嫩的手臂。

娥姐：粉果的创始人。

20世纪30年代，在西关一大户人家中，有一佣人名叫亚娥，她在大户人家招待客人时，自创并制作了粉果，深受主人和客人赞赏。后来，粉果由西关大户人家转移到酒楼中进行销售，成为风行一时、名闻酒楼茶室的点心，当时各酒楼茶室争相效仿，使其成为除虾饺外的广州又一历史名点。

诗赏析

此诗以妙趣横生的文笔描述了名点粉果的内涵与美态。第一句设喻恰当，巧妙地衬托出粉果外形似弯月，第二句说明粉果馅料的上乘。后两句则道出馅料需干爽，摇动有振动之感，以玉臂取代手腕，更为始创人娥姐记上一功。

作者以短短四句诗，将粉果的精粹、形格、质感、历史展现无遗。此诗构想巧妙，文采飞扬，给人一种幽美的情趣感受。

用料配方

❶皮的用料配方

粉果皮的用料配方基本上与虾饺皮相同，只不过生粉的搭配量稍多，澄面粉与生粉的比例是6：4，在整个制作过程中，粉果皮比虾饺皮的水分稍多，皮质软韧度大些，粉果皮的制作步骤和关键与虾饺皮基本相同。

❷馅的用料配方

瘦肉3两（150克）、虾肉3两（150克）、肥肉1两（50克）、花叉（花肉叉烧）1两（50克）、干笋肉2两（100克）、冬菇（浸发后挤干水分）5钱（25克）、精盐1钱（5克）、白糖2钱（10克）、生抽2钱（10克），绍酒3钱（15克）、味精1钱（5克）、胡椒粉3分（1.5克）、麻油1钱（5克）、马蹄粉3钱（15克）、清水或上汤1.5两（75克）

制作方法

皮的制作方法

把熟澄面分成每粒2.5钱（12.5克）的面粒做皮，开皮时一般要用生粉做“粉心”（使成品不粘手），搓圆后压成半扁状，用酥棍头由边到中间开皮，边开边移动，开成面积约4平方厘米灯盏形的边薄心厚的小窝，每开5个小窝皮，将其叠起，由里到外逐渐捏压成面积约7平方厘米的窝形（灯盏形），此皮在不包馅时合起成橄核形，则为合规格。

馅的制作方法

制作粉果馅，刀工要求较精细，基本上全部切成细指甲片形（面积不超过5平方毫米、厚度2毫米的薄片），将瘦肉、虾肉和少量湿粉（将马蹄粉用少量清水弄湿）泡油至熟，使其保持嫩滑。然后把全部用料下锅爆炒，蘸酒加汤，调味，加少量马蹄粉勾芡，成为熟的粉果馅。粉果馅是各种熟馅中比较精、比较细嫩的，因此刀工要细。如果馅粗，在制作粉果时易把皮弄破，变得失真且不美观。

粉果的制作方法

把皮开好后，先用布盖好，当粉果皮开到一定数量后才开始用皮包3钱（15克）的粉果馅，制成粉果。为了使粉果色香味美，在包制时要先放芫荽叶，再放真蟹黄或人造蟹黄，然后再加上粉果馅，包馅后叠起，成为半弯的角形（榄核形），用拇指头和食指腹把皮边压捏实（忌用指甲捏皮边，否则做工会显粗糙），捏好后放在蒸笼内（蒸笼内铺上油纸或抹上油的干荷叶）。粉果未蒸前是一个扁的榄核形，边薄馅心胀，提起轻摇动会感到粉果馅松散，皮边缝合得好，不需要用剪刀修改，则这个粉果算是符合要求。粉果制作好，用猛火蒸3分钟，表面呈光亮湿润便熟。

煎粉果

粉果做好后，可以用半煎半炸的方法加温。煎粉果时要细致，首先，用少量油把粉果的一面煎至微微金黄色，把粉果翻转后加多一些油浸至粉果的一半，然后把锅不断筛转，让油在粉果的肚腰位置，浸炸至熟，粉果肚腰由白色转为蜡色便可滤去油分，使其不粘锅，两面都呈淡金黄色即可。

煎粉果成品皮香肉嫩馅鲜，风味独特（以往售卖此品种时一般配上一小碗带韭黄的清汤，才能显出娥姐粉果独特的风味），使娥姐粉果有花开并蒂之美，如每斤馅加入炸榄仁1两（50克），风味更佳。

制作关键

（1）粉果馅的要求：肉眼看不到芡汁，但吃时感觉有芡汁润滑，色泽浅而鲜。忌水多、油多、粉多、芡多，此“四多”会造成颜色不够鲜明、馅料松散，给制作过程带来很多困难。所以，制作粉果工艺要求较严格，此制作法已近失传，应努力继承发扬。

（2）粉果制好放进小笼内，蒸前应在粉果表面涂上薄油，使蒸的过程中油脂在表面散开，覆盖表面生粉微粒，使熟后成品更光泽透亮。

（3）最传统的粉果皮是使用饭粉制作的，饭粉做皮其软韧度要比澄面皮好得多。

饭粉的制法：把优质的新粘米先煮熟成硬米饭，暴晒干后用石臼舂成熟饭粉，此粉含水量高、韧度高、软滑可口，是米粉珍品，已几近失传，应大力推广。

猪油包

猪油包～盼逢

遙觀白蟹戲盆中
午夜魂牽夢盼逢
誓作護花現寶使
不教黃鶴杳樓空

何世晃題

【诗意】恰似白色的蟹儿在盆中嬉戏，包质细嫩可口。猪油包为南粤之传统名点，应予发扬光大，不让其消失。

诗赏析

作者以细腻而生动的文笔，将猪油包刻画得细致入微。前两句点出猪油包的标准形格是『蟹盖状』，包面起发爆裂成蟹盖纹者为上品，故有『蟹盖猪油包』之誉。细品之下，其味无穷。可惜的是，由于技术上的难度，当今食坛上此品已销声匿迹，故后两句，大师借景抒情，意味深长，令人叫绝，誓当继承和保护此名点的使者，『不教黄鹤去楼空』，妙！

此诗用自然浑朴的语言，抒发心中蓄积的情感。

用料配方

❶皮的用料配方

低筋面粉8两（400克）、澄面粉2两（100克）、白糖4两（200克）、炼奶1.8两（90克）、猪油1.2两（60克）、泡打粉3.5钱（17.5克）、白醋1钱（5克）、蛋白5钱（25克）、清水4.2两（210克）

❷馅的用料配方

白莲蓉1斤（500克）、冰肉5两（250克）、炸榄肉3两（150克）、白芝麻2两（100克）

制作方法

皮的制作方法

将低筋面粉、澄面粉、粉胚（即粉心）和匀筛过，在案台开成窝形。加入白糖、猪油、炼奶、清水揉至白糖将溶，加入蛋白，最后加入白醋，揉至顺滑后放置10分钟，再揉搓一次便可分件做包。

馅的制作方法

冰肉切粒，白芝麻洗净炒熟，然后把白莲蓉、冰肉、炸榄肉、白芝麻拌匀便成猪油包馅。

制包

◎ 先把包纸间疏放于笼内，以每个包皮5钱（25克）、馅2钱（10克）计，每笼不宜超过24个。

◎ 把馅分成若干粒状。

◎ 把软包皮用薄面粉轻手（轻轻拿起），用刮刀切件，大小一致分好。

◎ 备好已沸水锅。

◎ 因包子过软，每笼包宜2人一起制作，以防止时间过长，包身过于软塌。

◎ 传统的猪油包糖重、油重、泡打粉多，食时微感黏口和过于腻滞，现此皮、馅配方已大力改良，宜推广。

特点：奶香味浓，皮馅匀合，以洁白、孔小、顺滑蟹盖形为佳。

制作关键

（1）选好优质、筋度较低的面粉，粉质以细腻洁白为佳。

（2）水分是重中之重，一定要掌握好。

（3）搓好的皮要求软而不黏。

（4）严控投料搓皮的先后顺序。

（5）要即制即蒸，并保持绝对的旺火蒸制。

蜂巢芋角

蜂巢芋角～蜂歌

遙望黃山近似窩
芳香引得蜂兒歌
從前秋令方能賞
今歲四時不話多

何世堯竝書

【诗意】

名点芋角的写照。远看似山丘，近看像巢穴，芬芳的香气令蜜蜂归『巢』。过去只有在秋天方可面世，而今全年皆能品尝。

诗赏析

此诗前两句，设喻贴切，情景交融。芋角美称为『蜂巢芋角』，成品的关键是将芋蓉经油浸炸而成蜂巢状。将成品芋角刻画为：远望疑似小山丘，近察疑是蜂巢，引得蜜蜂嗡嗡地歌唱。后两句则道出此品如今已是四季之美点。作者笔触自然，画中有诗，诗中有画，比喻生动、贴切。

在广式点心中有不少是使用植物做成皮的，芋角就是其中一种。芋头、番薯、莲子、百合、马铃薯、山药、南瓜及大量成熟后产生黏性的豆类，这些植物既松散又带黏性，软滑而细腻，加入适量淀粉和油脂，能起到疏松膨胀的效果，从而使成品呈蜂巢状，诱人食欲。

用料配方

❶ 皮的用料配方

熟芋蓉1斤（500克）、熟澄面2～5两（100～250克）、猪油5钱至1两（25～50克）、白糖4钱（20克）、精盐1.5钱（7.5克）、胡椒粉5分（2.5克）、味精5分（2.5克）、麻油5分（2.5克）

❷ 馅的用料配方

将普通肉粒熟馅1斤（500克）煮好后迅速加入净鸡蛋2两（100克），拌匀起锅，便成芙蓉芡熟馅，即芋角馅。

制作方法

◎ 把淀粉含量佳的芋头去皮切件蒸熟，制成蓉［除去“生水”（含水量多，且不含淀粉）部分，便成芋蓉］。

◎ 把芋蓉、熟澄面和调味料全部和匀便成芋角皮。

◎ 把芋角皮切件成薄片，每件皮重7钱（35克），包上3钱（15克）馅捏成榄核形，把制成的芋角排列在笊篱上，放进有180℃油温的油锅炸约半分钟后加大火迅速起锅。

◎ 炸芋角前宜用一小芋团试炸，若过于松散要适量加熟澄面，若欠松酥即稍加猪油，总之，要灵活掌握。切勿把“生水”芋蓉加疏松剂制芋角，即使能制成形，也全失芋角风味。

◎ 夏天搓好皮未制成角或制好角未及时炸时应先放入冷库，以防发酵松散，只要按此原理用其他植物如去皮绿豆、花生、莲子、番薯、莲藕、粉葛等，均能做出系列蜂巢状角子。

制作关键

（1）含淀粉量高的食材，搭配澄面粉比例应较少；相反则应适当增加。

（2）炸此类成品油温不能低于180℃，否则色不鲜明，会失去光泽感。也不宜超过200℃，否则馅心还没炸透而表皮已焦黑。

（3）熟澄面占比不要超过主料的50%，否则主料会风味尽失。

灌汤饺

灌湯餃～天工

娥眉百褶澹梳粧
透薄皮層腹滿湯
細弄輕移防告破
兲工巧奪也該當

何世光題書

【诗意】

灌汤饺以褶皱细密者为佳，该品皮薄而汤汁丰盛，进食时应细心夹放，以防皮破漏汁，实乃巧夺天工之品。

诗赏析

首句以百褶蛾眉来形容灌汤饺的褶皱密而齐，并告知进食的技巧：细细摆弄，轻轻移动，千万不要让汁液流失，否则顿失风味。纹褶、汤多、皮薄、馅靓，则诚为巧夺天工之佳品。作者以细腻的文笔，描绘极富想象力，互相烘托又联合，营造一个主题，将名点灌汤饺刻画得淋漓尽致。

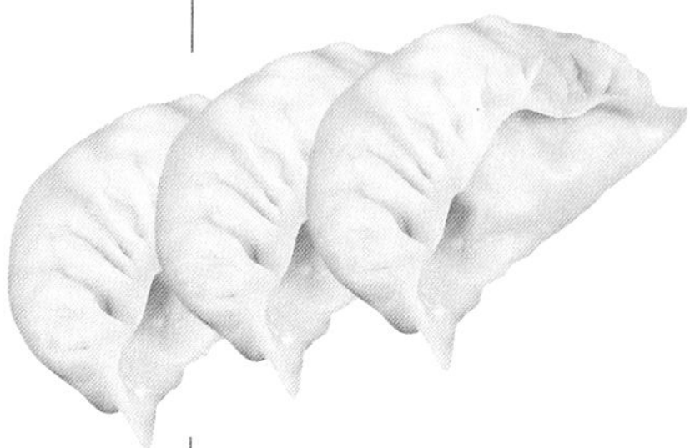

灌汤饺是对北方灌汤包进行改良后的品种，因汤包蒂顶部食时韧实，改成饺后免去蒂部韧实之弊，但工艺要求高，稍不注意褶口就会裂开，熟后使汤汁流失。另外，灌汤包汁液多，食时要用吸管吸饮。而广式汤饺则可夹起食用，故工艺要求奇高，没有一定的功底，是做不好的，即使能做也包不上应包馅量，且边要窄，褶斜纹，食时才不会感到“生骨”（硬实），故有“蛾眉灌汤饺”之称。

用料配方

❶ 皮的用料配方

高筋面粉5两（250克）、低筋面粉4两（200克）、净鸡蛋2两（100克）、面种5钱（25克）、枧水3分（1.5克）、清水2两（100克）、烫面1两（50克）

注：枧水即用坚实木材烧成灰后浸水而成。

❷ 馅的用料配方

琼脂膏1斤（500克）、皮冻1斤（500克）、瘦肉5两（250克）、鲜虾肉3两（150克）、湿冬菇1两（50克）、蟹肉1两（50克）、精盐3钱（15克）、味精1.5钱（7.5克）、鸡粉1.5钱（7.5克）、白糖5钱（25克）、麻油3钱（15克）、胡椒粉5分（2.5克）、猪油1两（50克）

制作方法

皮的制作方法

面粉1两（50克）、沸水1两（50克）烫成熟面冷藏备用。把两种面粉混合成中筋面粉，开窝放进全部原料，揉成稍硬实顺滑面团约放置30分钟，便可开皮包饺。

馅的制作方法

琼脂膏、皮冻剁烂，瘦肉、鲜虾肉、湿冬菇切成小粒，把全部调味料拌匀冷藏。

琼脂膏技法：琼脂条1两（50克）洗净，用清水约5斤（2 500克）浸半天后慢火煮溶，凝固后便成琼脂膏。

包饺子

把揉成顺滑的灌汤饺皮捏成条状切粒，每粒约2.5钱（12.5克），用酥棍开皮，用生粉做粉心，先压扁后开皮，由边开向中央。每件开成直径7厘米的圆件，边薄心厚，先全部开好，再用手心由中央向边压薄约至直径12厘米。每件皮包上不少于1两（50克）的馅，合成角形后由右向左边细折推进，边折边捏紧口，成梳形，放进有油纸或抹了油的干荷叶小蒸笼上，用火蒸约15分钟至饺皮面呈圆球状出笼，食用时配以姜丝和醋。

制作关键

（1）面种不宜过老。

（2）下枧很重要，枧下多了，制饺时黏且口味不好；枧下少了，熟时饺皮易穿烂。

叉烧包

叉燒包～小雲山

峰巒起伏小雲山
學語孩童常細喃
皮感力回藏潤澤
長留歡樂滿人間

何吉光竝书

【注释】细喃：喃喃细语，即连续不断地小声说话。

【诗意】前两句恰当地形容叉烧包的外形，牙牙学语之孩童们提起叉烧包都会喜形于色。后两句则道出包皮的质感应富有弹力，丰满润泽。此品在粤点中也是享誉盛名的佼佼者。

诗赏析

此诗构思巧妙，刻画细微，道出了叉烧包体似一座座起伏有形的小山峰，再以回力丰泽来衡量包皮质感的至高境界，作者诗意含蓄，耐人寻味。

用料配方

❶ 发面种的用料配方

老面种1两（50克）、低筋面粉1斤（500克）、清水5两（250克）

❷ 皮的用料配方

发好的面种1斤（500克）、白糖3两（150克）、清水5钱（25克）、枧水1.2钱（6克）、低筋面粉3两（150克）、臭粉3~4分（1.5~2克）、泡打粉2钱（10克）

制作方法

发面种的制作方法

◎ 把低筋面粉1斤（500克）筛过，开面窝，放进老面种1两（50克）、清水5两（250克），揉拌至面团顺滑。

◎ 在常温（25~28℃）中，发酵7~8小时，面种基本成熟，成为嫩面种。

皮的制作方法

◎ 用枧水和少量清水加白糖、臭粉、泡打粉，与面种揉至白糖基本溶解。

◎ 加入低筋面粉3两（150克）揉匀，在揉匀的过程中加入少量清水，目的是让面团更加绵软顺滑。

馅的制作方法

用叉烧1斤（500克）加入叉烧包芡（详见附录三）1斤（500克），拌匀便成叉烧包馅。

皮馅结合造型

用包皮5钱（25克）、馅4钱（20克），将包皮分件后用手按薄或用酥棍开薄，包入馅，造成“雀笼形”，垫上薄的底纸，稍放置1~2分钟，让叉烧包略为醒发（自然膨松），用猛火蒸。皮、馅共9钱（45克）重的叉烧包加温时间为8分钟。

制作关键

一定要严格按照规程制作，即五定：

①定逗种（发面种）时间；②定种量；③定温度；④定碱；⑤定时制包。

定温度时最好采用恒温箱或温度为26~28℃的空调房，才能达到包身洁白、有回力、碱香、馅丰润、色亮泽、味鲜美的特点并保证其亮丽的品质，使它色味俱全。

干蒸烧卖

細擺肝腰面帶紅
肤嬌玉洁内乘醲
原為燒麦北風送
南粤天王席上雄

干蒸燒賣～席雄

【注释】

纤腰：纤细的腰围。

烧卖：北方面点小食品种。

【诗意】

干蒸烧卖的成品，腰细，面上放上蟹子或蟹黄；肉馅爽口而有汁；此品源于北方地道名小食烧卖，后传至广东，经历代点心师研制改良成为南粤名点。

诗赏析

此诗头句写外形：纤腰的形状，面上带有嫣红的美态。次句展现其气质：切肉鲜爽渗出汁液，馅皮相融。第三句为历史渊源：道出此点心原从北方引进。末句以『喜临』来形容移植，更是意味深长。作者在诗中以细腻而生动的文笔，给读者留有想象的余味。短短的四句诗将干蒸烧卖的精髓展露无遗，堪称一绝。

用料配方

❶ 皮的用料配方

有蛋面粉1斤（500克）、净鸡蛋4.5两（225克）、优质枧水1钱（5克）

❷ 馅的用料配方

瘦肉7两（350克）、肥肉2两（100克）、虾肉1两（50克）、湿香菇5钱（25克）、大地鱼末1钱（5克）、精盐1.2钱（6克）、白糖2钱（10克）、生粉3钱（15克）、麻油1钱（5克）、味精（5克）、鸡粉1钱（5克）、生抽1.5钱（7.5克）、胡椒粉3分（1.5克）、葱白3.5钱（17.5克）、生油3钱（15克）

制作方法

◎ 首先做烧卖皮，将有蛋面粉开窝，将优质枧水加净鸡蛋拌匀，以拌的形式将蛋液与面粉拌松、折叠，制成硬的面团。将硬面团放置松软后用生粉做粉心，反复折叠，将面团开薄，达到薄而不破的程度，切成7平方厘米的薄面皮。

◎ 将大地鱼连鳞、皮、骨用100～120℃的油温，慢火进行浸炸。等到鱼香扑鼻、鱼肉变成茶色的时候，将鱼捞起，晾凉。用锤子将炸好的鱼敲成鱼末，炸鱼的油可以作为干蒸馅的尾油。

◎ 将干蒸烧卖馅的用料洗净后稍微脱水，切成0.6～0.7厘米的方丁，开始拌馅，先放入精盐，顺着一个方向不断搅拌，直到馅料变得粘手，再搅拌3～5分钟，加入除葱白以外的调料，搅拌均匀后加入尾油，拌匀后放入冰箱冷藏。

◎ 将冷藏的馅料取出，加入葱白，就可以包制烧卖。

◎ 包好的烧卖每个有3.5钱（17.5克）到4钱（20克）的馅，用旺火蒸约6分钟，加上蟹黄或者人造蟹子和切薄咸蛋黄在干蒸烧卖上做装饰，可以提升观感和色泽。

干蒸烧卖的馅料说明：干蒸烧卖馅中的猪肉不要选用腩肉、猪臀肉等较韧的肉。馅料中瘦肉、肥肉、虾肉的比例不是固定的。除了肥肉要占20%～25%外，虾肉和瘦肉的比例可以根据售价进行适当调整。

◎ 人造蟹黄的制作：净鸡蛋1斤（500克）、生油8两（400克）、适量食用柠檬黄及玫瑰红色素，将上述材料搅拌均匀后进行蒸制，边拌边蒸至熟，形成蟹黄状的人造蟹黄。

【诗意】刻画出名点蛋挞的美态：层层的酥皮，满满的蛋浆，其成品光亮照人，实为南粤推崇的美点，尽显珍贵。

蛋挞

鷄蛋撻——亮鏡

千層疊疊灌黃湯
尤似鳥巢卵破漿
展現人前如亮鏡
平凡美食確無雙

何世堯並書

【注释】

叠叠：重叠。

诗赏析

此诗前两句将蛋挞的色与形刻画得入木三分：蛋挞盏酥皮层层叠叠，松化可口；而盏内灌满黄色的蛋液，恰似雀巢盛蛋浆。烤熟了的蛋液平滑光亮，令人垂涎欲滴，故后两句以明如镜来形容更显意味无穷，为本诗画龙点睛之笔。以平民美食出精品来结束，妙！

作者在诗中设喻恰当，抒情细腻，具有无穷韵味。

用料配方

❶ 皮的用料配方

中筋面粉1斤（500克）、猪板油7两（350克）、黄奶油3两（150克）、净鸡蛋2个、白糖5钱（25克）、清水3两（150克）

注：当清水用量为3两（150克）时，制作出来的蛋挞皮层比较分明，如果想做出比较松化的蛋挞皮，可以将清水的量增加到5两（250克）。

❷ 蛋挞液的用料配方

白糖4.5两（225克）、开水1斤（500克）、净鸡蛋7.5两（375克）、三花奶1/3罐、吉士粉2钱（10克）、醋精10滴

注：牛奶也可改为2两（100克）炼奶，则白糖改为3.5两（175克）。

制作方法

◎ 将4两（200克）中筋面粉和黄奶油、猪板油混合，揉成油心。

◎ 在6两（300克）中筋面粉中加入净鸡蛋、清水、白糖，揉至顺滑形成水皮。

◎ 用面粉或油纸垫底，将水皮和油心进行冷藏，直到水皮稍微变硬，油心基本变硬，即可取出。

◎ 用通槌开酥，将水皮开成“日”字形，油心也开成“日”字形，大小是水皮的一半。用油心包住水皮（即油包皮）对折两次成两褶，用此方法开制三次。

◎ 开始制作蛋液，用开水将白糖溶解，放凉，放入其他配料搅拌均匀。

◎ 将冰箱里的蛋挞皮取出开薄约至4平方毫米，放入蛋挞盏中，均匀压好。皮与盏之间不能留空隙，放置10多分钟后注入蛋液，便可入炉烘烤，底火控制在250℃以上，面火控制在200℃以上。烘到蛋液表面凝固了，就要把面火调到170～180℃，一般从入炉到出炉需要20分钟左右，较大的蛋挞要烘烤25分钟左右。

制作关键

（1）蛋挞馅的稠度一定要控制好，水分少会使馅心硬实欠软滑；水偏多，则凝固度差，馅心下沉。

（2）制作千层酥皮蛋挞时，若将酥皮开薄后折成四褶三次，则稍欠酥化；若把皮层多折一次四褶，则层次不够分明，但松化度极佳。

（3）当酥皮每对折一次四褶时应放进冰箱30分钟，松弛筋度一次，依此类推，开酥过程中尽量少用粉心，粉心过多则熟后皮层会出现“生骨”（硬实）现象。

（4）要小心不能使蛋液流出盏外，否则将浸湿底部。

（5）皮捏入盏后一定要放置30分钟，使皮层松筋后才下蛋液，否则皮层在烘烤过程中会出现收缩现象。

（6）蛋挞皮除使用千层酥皮外，也可用拿酥皮、水油酥皮等做盏底，制成不同口感的酥松蛋挞。

荷叶饭

盛夏荷塘遍綠裝
既嘗香飯亦嘗湯
粘尖牙米形尤在
深處齒縫荷溢芳

荷葉飯～溢芳

【诗意】

此诗是美点荷叶饭的写照：首句形容荷叶饭的表面青绿；品饭需要汤来伴；上等的稻米煮熟了还是尖尖有形；进食之余，齿缝尽留荷叶香。

【注释】

牙米：尖尖的稻米。

齿缝：牙齿之间的空隙。

诗赏析

此诗对夏令美点荷叶饭的描写十分贴切。以鲜嫩的荷叶将饭包起来蒸制；在品尝此饭时，传统上要配一小碗菜干蜜枣汤，饭汤相得益彰；制作荷叶饭的香米要精挑细选，煮饭时米水比例要适中，使米粒尖尖而清爽，饭粒如虾仔般，加以精细配料的饭包裹在鲜荷叶中，阵阵幽香尽留齿间。

作者以质朴真实的语言，落笔自然，情景交融，贴切而巧妙。

用料配方

❶ 米饭的用料配方

优质粘米1斤（500克）、鸡油或猪油4钱（20克）、精盐1钱（5克）、味精1钱（5克）、胡椒粉3分（1.5克）、曲酒5分（2.5克）

❷ 馅的用料配方

虾肉2两（100克）、瘦肉4两（200克）、叉烧2两（100克）、火鸭肉1两（50克）、处理好的鲜菇1两（50克）、鸡蛋片2两（100克）、汤或水4两（200克）、精盐1.2钱（6克）、白糖2钱（10克）、蚝油2钱（10克）

制作方法

◎ 荷叶饭的米最好选用优质粘米。以1斤（500克）米对应1斤（500克）清水（洗米时米粒的用水量包括在内）计算。蒸饭时，要放入鸡油或猪油、精盐、味精、胡椒粉，拌匀后蒸熟，倒出晾凉。

◎ 将荷叶饭馅的用料切成1～1.5厘米宽的粗指甲片状，在虾肉、瘦肉、鲜菇中加入调味料与汤水一起下锅煮熟，勾芡时加入叉烧及火鸭肉。

◎ 将鸡蛋打匀，煎成蛋片，切成粗指甲片状备用。

◎ 用温水洗干净荷叶，将洗净的荷叶放入50～60℃的水中烫软，以折叠时荷叶不软不脆为准。

◎ 在蒸好的米饭中加入曲酒拌匀，再加入馅料进行搅拌，拌匀后再加入鸡蛋片。

◎ 每个荷叶饭一般为4～5两（200～250克），刚好放置于荷叶的1/2处，要轻手包制。

◎ 包好荷叶饭后放于笼中，要平放，不能斜放，互相之间不能重叠，蒸的时候要旺火快蒸，使其受热均匀。5两（250克）左右的荷叶饭，每个大笼最多放16～20个，蒸制的时间最长为6分钟。时间过长的话，荷叶会变黄，饭吸水过多，口感会受到影响。蒸好的荷叶饭与菜干蜜枣汤一起上桌即可。

◎ 正宗的荷叶饭要与菜干蜜枣汤一起上桌。菜干、蜜枣经过1个小时以上的煲制，不放盐和油，形成清热解暑的清汤。

制作关键

（1）蒸制米饭时要考虑洗米时米粒已含水分的量。

（2）烫荷叶的水温要控制好，水温高荷香易流失，水温低则荷叶脆，易折断。

伦教糕

伦教糕～贊詩

白碧無瑕如潤脂
嶺南誰不是糕痴
竪橫幼脈工精巧
揮筆廚鄉寫贊詩

何世堯并書

【诗意】

伦教糕雪白如脂，表面光亮，是广东人极为喜爱的精品，糕内纹理横竖兼备。此品出自「厨乡」顺德，如此美妙的糕品，值得以诗来赞颂。

诗赏析

伦教糕为顺德区伦教镇的传统名点，而顺德区被评为『中国厨师之乡』。

此诗将地方风味美点刻画得细致入微，雪白光润的外形恰似无瑕白玉；第二句写出南粤人民对此糕如痴如醉；第三句道出制作此糕的技巧标准；结尾句更是表达了大师对『厨乡』的赞誉之情。

诗的主题明快清新，落笔自然。好诗！

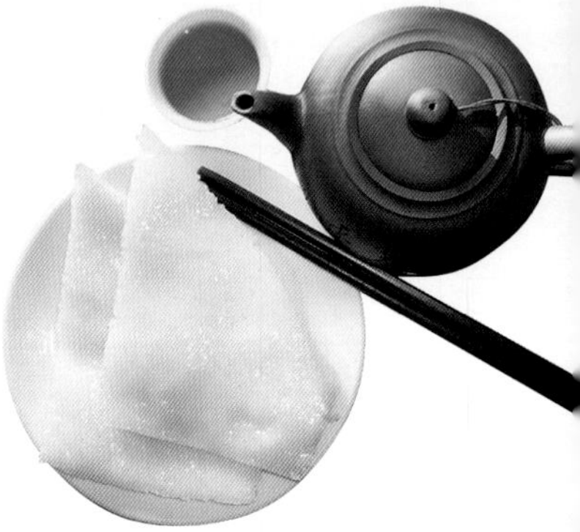

伦教糕在米制糕点中属于“糕中之王”，其他糕点都难以替代，要做好伦教糕并不容易。

用料配方

优质粘米1斤（500克）、白糖1.3斤（650克）、糕种1两（50克）、清水1斤（500克）

制作方法

◎ 把米洗净后浸泡2小时，磨浆后用布袋载压成干米浆备用。

◎ 把干米浆分成粒状，每粒约5钱（25克），用盆装。

◎ 用清水1斤（500克）、白糖1.3斤（650克）煮成糖水，并迅速倒进米浆粒内拌匀，使米浆粒溶解至半熟后冷却备用。

◎ 把冷却后的糕浆放入糕种中发酵10小时，搅拌糕浆出现小气泡并散发糕香味时便可蒸糕（每份糕浆厚度以1.5厘米为准）。

制作关键

（1）为了避免米浆发热，要用石磨磨米浆。

（2）选用好的米糕种。当天做的糕浆要放在冰箱里，以作为第二天的糕种。

（3）在烫熟米浆粒的过程中，一定要有相当部分的米糕粒发生糊化。伦教糕之所以爽口，是因为有50%的米浆已接近糊化了。

（4）未蒸糕前，要将糕浆放入恒温箱或冰箱，以抑制糕浆的发酵。一旦发生过度发酵，就会出现“粗眼”，糕浆会变酸，但又不能用碱去中和，因为糕浆本身含水量大，中和了就会出现“石脚”下沉现象。

（5）蒸糕时要用比较旺的火，但不适宜用过于旺的大火。如果用肠粉炉蒸，水温过高，伦教糕的糕浆尚未凝固，蒸糕布就会被水温的热浪冲歪，这样蒸出来的伦教糕就会起皱纹，影响爽口度和美观，所以整个蒸糕过程都用中上火就可以了。蒸熟一笼糕的时间大约为15分钟，如果不是用肠粉炉，而用大笼炉去蒸，同样也需大约15分钟，不超过20分钟。

（6）蒸熟了伦教糕之后，要把蒸糕布取出来。如果用于售卖，一般找个竹筛装糕，如果没有竹筛，可以用盘子。在盘子底部抹上一层油，然后将肠粉炉里的伦教糕连布带浆拉出来，找一根细竹棍卷住布的一头，从底部一路向前推，脱下布，将伦教糕转移到盘子中放置，放凉后用适量的熟油抹在糕面上即可。这时伦教糕的表面是光亮的，弹性好，很洁白，内部有“横直眼”。

（7）关于“横直眼”的生成。在蒸糕过程中，面火与底火之间互相交替，下面的底火向上升延，回流的面火让上面的粉浆表皮熟度伸延，两面火之间向比较重糖的糕浆逐渐伸延，中间出现排气的气孔，等中间熟了，气就从中间的气孔排出来，所以就成了“横直眼”，这样的伦教糕很爽口。

通心煎堆

原藉鄉間一小吃
黃金香艳如嬌娃
心胸越廣人爭愛
踏遍嶺南千萬家

空心煎堆～爭愛

何世晃並書

【诗意】

通心煎堆本是乡间小吃，圆圆的外形布满香香的芝麻，微炸成金黄色，中间的空心越大，皮越均匀，口感越佳。乡间小吃被引进广州，成为受大众喜爱的美食。

诗赏析

第一句点明煎堆的出生地。第二句尽显煎堆的美态：黄金球状遍布芝麻，油香、芝麻香且艳丽。中空更令其完美，人见人爱。结尾句之意，煎堆成为珍品，此乃厨师们『移植』的功劳。

此诗写法别致，潇洒动人，充满诗情画意。

用料配方

水磨糯米粉1斤（500克）、白糖4两（200克）、白芝麻适量、清水7两（350克）

制作方法

◎ 将白糖和清水一起煮，直到糖溶解，晾凉后，将冷却的糖水加入糯米粉中，浸1个小时以上。

◎ 将经过糖水浸泡的糯米粉浆进行揉搓，分成若干粉团。

◎ 将分好的粉团放入经过洗净、烘干的白芝麻中翻转，让粉团粘满白芝麻。

◎ 将粘满白芝麻的粉团稍稍压扁，变成扁鼓状。

◎ 将锅里的油烧热，当油温在110～120℃时，将糯米粉团放入油中，油温要一直保持在110～120℃。

◎ 用锅铲不断搅动油，让糯米粉团均匀受热，随着油的移动，糯米粉团会慢慢上浮。

◎ 将上浮的糯米粉团轮流用锅铲在锅边按压，整个浸炸的过程也就是按压的过程。

◎ 经过12分钟的按压，糯米粉团已经有七八成熟了，煎堆已经形成，再次加大火力，在20～30秒的升温时间内刺激煎堆膨胀，让它熟透，表皮变成金黄色，便可捞起煎堆。

制作关键

浸炸时的按压要处理好。如果每个粉团是1.5两（75克），那么从下锅到浸炸完毕需要约13分钟，在浸炸过程中，要利用锅铲的按压刺激粉团的膨胀。当我们不断按压粉团时，粉团内部的气流只能向中间聚集，形成通心，原来积聚在中间的是一点冷却的气体，随着粉团表面受热糊化，中间的气体受热膨胀，因此整个粉团也不断增大。在反复按压的过程中，分布一定要均匀，每个方向都要按压到，如果按压得不均匀，那么少压到的部分就会厚一点，多压到的部分就会薄一点，导致生熟不均匀，形状也不均匀，皮薄部分必将穿孔，影响美观和质量。

雪映红梅

風雪漫兲臨太空
銀球滾滾落盆中
寒梅偶遇狂風送
映入眼簾便顯紅

雪映红梅～显红

何世晃竝书

【诗意】前两句描述甜点雪映红梅之美态，漫天风雪为白色，『银球滚滚』点出其外形白白圆圆似滚球。

诗赏析

此美点形如银球状。诗的一二句写：冬日风雪弥漫了天空，飘雪受空气影响积聚成球落入盘中。三四句写：地上寒梅亦受狂风猛烈摇动，寒梅花儿映照到银球上，微红色变得若隐若现。真是情景交融，遣词微妙，狂风迅速而过，一刹那呈现微红，好诗！

人们品尝雪映红梅美点时，回味此诗诗意便会感到温馨、贴切。

雪映红梅这个点心品种是由北方引进的，最近在广东的酒店、茶楼都很受欢迎。

用料配方

鸡蛋清1两（50克）、生粉或澄面粉3钱（15克）

其他用具：蛋糕机、干净的布、细白糖一盆、竹签或筷子、胡萝卜汁、糖粉。

制作方法

◎ 将馅料搓成圆球状，一般每个圆球约3钱（15克）重，也可以制成圆状，以不松散为标准。

◎ 用小型的蛋糕机打鸡蛋清，做雪坯。将鸡蛋清打至起泡后，一边放入生粉或澄面粉，一边继续搅拌，直到均匀（注意：用来盛放鸡蛋清的器皿一定要干净、没有水分且不油腻）。

◎ 用竹签串起馅料或用筷子夹起馅料，放入鸡蛋清中旋转，让鸡蛋清粘在馅料上，形成直径为6～7厘米的球体。

◎ 将锅里的油烧开，维持在60～70℃，将粘有鸡蛋清的球体放入油中浸炸。在浸炸的过程中，用勺子不断搅拌锅里的油，将球体不断翻转。

◎ 浸炸3～4分钟后，当球体由白色变为微赤色时，球体基本定型，这时需要迅速加大火力，然后就可以把球体捞出，沥干油后，放在白布上，让白布吸干球体表面的油。

◎ 将球体放入细白糖中翻转，让它的表面粘满细白糖。

◎ 将球体从细白糖中取出，放入混有胡萝卜汁的糖粉中稍微滚动，即可上纸杯或上碟。

雪映红梅的馅多种多样，如白莲蓉、绿豆沙、红豆沙、甜糊浆等均可制馅。

制作关键

油温的掌握。油温需要控制在60～70℃，不宜过高，否则球体表面易过早糊化，不利于定型。

【诗意】

银针粉以手工一条条搓制，并加上七种配料炒制而成，全称为『七彩银针粉』。针状的粉工艺自然细腻，以筷子夹之也很讲究技巧。当今此品在食肆中难以寻觅，望能重获新生！

银针粉

银針粉～巧嘗

纖纤玉手弄銀針
七姐承邀為尚賓
細膩精乖嘗也巧
盼祈枯木慶重生

何世尧竝书

【注　释】

纤纤：细小。

枯木：老树，枯树。

诗赏析

前两句将银针粉刻画得细致入微，两头尖尖的粉儿似银色细针，出自灵巧的双手；配以烹制的七种原料以七仙女下凡来表达，妙！银针粉精细色佳，有如小家碧玉的精乖，品尝时也讲究筷子夹的技巧；末句则表达作者的叹息，当今这一品种由于制作工序繁复，市面上已不多见，作者希望此点日后能再度恢复活力。

银针粉是来自民间的小吃，相传在春节，全家老少聚在一起搓制一种比较长、比较纤细的粉，与其他食材搭配在一起炒着吃，寓意长久、长寿，又叫作圆仔粉。银针粉引入茶楼的历史较久。过去，银针粉是用米粉做的，引入茶楼后多是将饭煮熟后晒干捣成粉来做，自从澄面粉被普遍使用以后，又改为用澄面粉来搓制。

用料配方

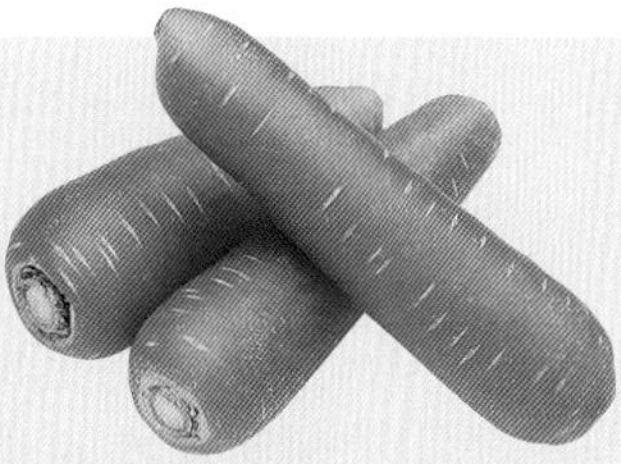

❶主料

澄面粉8两（400克）、生粉2两（100克）、开水1.5斤（750克）、精盐3钱（15克）、生油5钱（25克）

❷辅料

绿豆芽（已去头去尾）适量、韭黄适量、细萝卜丝适量、处理好的冬菇适量、鲜虾适量、鸡丝适量、肉丝或叉烧丝适量、红椒丝适量、蛋丝适量、二汤2两（100克）、精盐少许、绍酒少许、生油少许

注：二汤即主料熬第二次的汤。

制作方法

◎ 将澄面粉、生粉加盐后混合，然后用开水将它们烫至糊化，做成不粘手的粉团。

◎ 把粉团切成若干小粒，将1两（50克）粉团分成20小份。

◎ 将分好的粉团小粒搓成两头尖的细针状（长度7厘米、直径3毫米），用少量油脂将其散开，然后入笼蒸熟。

◎ 将辅料中的肉类加入少量油，用急火爆香，加入银针粉，让它软身。

◎ 把锅烧红后放油，先将银针粉下锅炒，再加入适量绍酒，炒到银针粉基本熟了，然后将韭黄以外的丝状辅料放入锅里，用最猛的火在最短的时间内将食材炒匀。

◎ 放入二汤，再翻炒几下，加入韭黄即可出锅。

制作关键

（1）在整个炒制的过程中，火要猛，速度要快，不要让各种食材聚在一起，要相互分开。整个过程不要超过半分钟，否则各种食材的色泽不鲜明，材料聚集在一起，影响质量。

（2）银针粉和配料的比例以2∶1为佳。

萨其马

萨其马—清新

怪名原是满洲文
称谓糖缠更贴真
巧匠精心调配改
新清脱俗羡旁人

【诗意】前两句阐述萨其马之由来，后两句则道出萨其马可咸可甜，咸萨其马是禁食糖分的人群可选择的美食之一。

诗赏析

萨其马是粤甜点之佼佼者，此传统之美名传说多多。据作者的精心调研，萨其马其实是满语的音律，谓『糖缠』。而且萨其马的做法是蛋加面粉炸后以糖浆将其粘在一块成型的。近年来，有『咸萨其马』面世，其实是以代糖（玉米淀粉糖）制作，糖尿病等忌糖患者也可进食。

此诗意味深长，明晰动人，比喻恰当，抒发情怀，韵味无穷。

咸萨其马用料配方

高筋面粉1斤（500克）、净鸡蛋3两（150克）、净鸡蛋黄6两（300克）、泡打粉1.5钱（7.5克）、精盐3钱（15克）、鸡精1钱（5克）、胡椒粉5分（2.5克）、白葡萄糖浆3斤（1500克）、熟咸蛋黄1.5两（75克）、肉松丝1.5两（75克）、芫荽碎2两（100克）、臭粉8分（4克）

咸萨其马制作方法

◎ 将高筋面粉加入泡打粉混合开成面窝。

◎ 把精盐（一半）、鸡精、胡椒粉、净鸡蛋、净鸡蛋黄、臭粉放进面窝内拌匀，揉成顺滑软面团放置半小时。

◎ 用生粉做粉心，把软面团反复洒粉开薄至3厘米，用锋利桑刀切成4厘米宽、约10厘米长的面条状。

◎ 把锅洗净，烧去咸气，放油下锅至油温180℃，分别把面条下锅炸约15秒起锅。

◎炼制糖浆：把白葡萄糖浆放进并加入另一半精盐。用中慢火炼糖至糖表面出现细泡。

◎把大锅洗净，在锅底涂薄油后倒进炸好的面条，加入熟咸蛋黄碎和肉松丝拌匀，淋上炼好的糖浆，双手反复拌匀，倒进预定方格内定型，冷却切件包装。

甜萨其马配方、制作方法：白葡萄糖浆3斤（1500克），加入白糖1.3斤（650克），并减去其他咸味配料和蔬菜类。其他主料、疏松剂揉制过程和制法不变，与咸萨其马要求相同。冬天把糖炼至103℃，雨天把糖炼至113℃，一般气温下把糖炼至107℃便可端离火位。

凤爪

天際鳳凰落寶山
遍留仙足滿人間
名廚巧手爲裝扮
鵝鴨誰能敢比攀

鳳爪～裝扮

何世晃敬书

【诗意】

群凤降落，留下足迹，点心师将凤爪（鸡脚）烹调成美点，鹅掌、鸭掌又怎敢攀比呢？

【注释】

宝山：传说凤凰无宝不落，故凤凰立足之地称宝山。

诗赏析

诗中的头两句，写凤凰（鸡）光临，留下『足』迹，由此而遗下遍地爪子（凤爪），实属妙句；后两句则道出点心师们以精湛的技艺打造出这令人垂涎的美点。

此诗静中有动，明晰动人，具有无穷韵味。

用料配方

鸡精5分（2.5克）、凤爪1斤（500克）、精盐1.2钱（6克）、白糖3.5钱（17.5克）、味精2钱（10克）、沙茶酱2钱（10克）、紫金酱1钱（5克）、桂林酱1钱（5克）、海鲜酱2钱（10克）

制作方法

凤爪是近十年来广州茶楼、酒楼等食肆中常见的点心品种。凤爪是20世纪80年代改革开放初期由中国港澳地区引入的，后又陆续出现蒸凤爪、药浸凤爪、醋腌的白云凤爪。最普遍的蒸凤爪，一般叫紫金酱凤爪。

◎ 灼凤爪。首先将凤爪处理好。先用灼的方法，每一箱［20斤（10千克）计］凤爪用约20斤（10千克）清水，加5两（25克）醋精和1~2两（50~100克）麦芽糖，将水烧开，把凤爪全部放入醋糖水中，收火，浸约5分钟，让其表皮有一定的时间接触醋酸和微量糖分，捞起滤去水分，则完成第一道工序，剩下的醋糖水可以反复使用，用时稍加些醋精和麦芽糖。

◎ 炸凤爪。炸凤爪需要很高的油温，一般只能加四成油量，把油烧至起白烟且温度在250℃以上，再迅速用笊篱把凤爪放入高温的油锅中，凤爪在锅中受高温会发出爆响。要注意，当冷而带有酸性和水分的凤爪放入高温的油中时，油会溅起，所以，油量不宜过多，否则会发生安全事故。在整个炸凤爪的过程中，要保持250℃以上的高油温，浸炸时间要超过10分钟，这时候爆响声慢慢消失，凤爪呈凹凸状，色泽由白色变为淡金黄色，10分钟后可以捞起倒在清水中进

行漂浸。在浸的过程中如果水温过高，可以换水，让凤爪冷却漂浸1～2小时即可。

◎ 对浸炸好的凤爪进行焓（长时间煮制）或炖。焓可加入五香料和卤水料，如加入花椒、八角、草果、陈皮等香料用慢火焓约40分钟。炖则用盘装好，洒些花椒、八角等香料与凤爪同在热水中炖40分钟，炖到用力推压凤爪的掌窝时皮与骨能够移动（离骨）即可。

◎ 将炖好的凤爪放在冷水中漂洗干净。

◎ 人工剪甲，开件，入冰柜。

◎ 捞凤爪。先用干的生粉捞凤爪，每斤凤爪用4～5钱（20～25克）干生粉搅拌，让生粉粘在凤爪的表面，然后再淋上紫金酱、海鲜酱或沙茶酱，淋好后放入合成芡捞匀（合成芡是叉烧包芡再加腐乳、南乳、花生酱或芝麻酱、沙茶酱混合而成），一般1斤（500克）炸好、斩件后的凤爪用芡3两（150克）拌匀，稍加尾油上碟蒸约10分钟即可。

制作关键

（1）炸凤爪时，油量不宜过多，否则会发生安全事故。

（2）蒸好的凤爪要够味，表里的味道要一致，要挂芡，色泽要光亮，才算成功。每一个工序都不能忽略，要仔细做，才能做出好凤爪。

【诗意】在香香的糯米中间放入鸡块，用干荷叶包裹成型，这就是糯米鸡的美态。荷香、饭香、馅香三位一体是绝佳的配合，这款名点在酒楼均可享用。

糯米鸡

香糯干荷裹遍身
德禽尽在腹中含
饭荷香馅成佳配
即冠名楼可品珍

糯米鸡～品珍

何世尧拉朴

【注释】
香糯：指香软的糯米。
德禽：鸡为家禽之首，亦称德禽。
佳配：绝妙的配合。

诗赏析

本诗笔触自然，格调明快，简练而准确地将名点糯米鸡刻画得入木三分。前两句展示出这款美食是以荷叶的干品将香软的糯米鸡包裹，而中间包含着以鸡为主料的馅料；后两句道出糯米鸡的荷叶、馅料、糯米饭的香气四溢，食肆中此珍品处处可寻。

糯米鸡要注意糯米饭、馅料、包糯米鸡的荷叶的处理方法。

用料配方

❶ 馅的用料配方［以1斤（500克）馅料计］

五花肉4两（200克）、叉烧2两（100克）、笋肉或沙葛2两（100克）、虾肉1两（50克）、虾米1钱（5克）、干章鱼5钱（25克）、湿冬菇5钱（25克）

❷ 调味料的用料配方

精盐1.5钱（7.5克）、生抽2钱（10克）、白糖3钱（15克）、鸡精1钱（5克）、味精1钱（5克）、胡椒粉3分（1.5克）、麻油5分（2.5克）、清水或二汤0.5斤（250克）、马蹄粉4钱（20克）、尾生油1两（50克）、面4钱（20克）

制作方法

荷叶的处理

应采用干荷叶，将荷叶用50℃左右的温水（将冷水、热水以1：1的比例兑出）洗干净，沥干水分，然后把荷叶切成折扇形。一般一张完整的干荷叶可以包两个糯米鸡。

糯米饭的处理

糯米要干蒸，在蒸之前要用温水（30～40℃）将糯米浸泡2个小时，沥干水，水温不能过热，冬天可以多浸泡1个小时。浸泡之后可以将糯米上蒸笼，用棉质的布铺在蒸笼上，然后用勺子将糯米舀到蒸笼上，糯米的厚度约3厘米，不要超过4厘米。在蒸的过程中可以用勺子将半熟的糯米进行搅拌，在搅拌的过程中可以稍微洒些水，用猛火蒸30~40分钟，糯米饭便蒸好了。接着将糯米饭倒在铁盆里晾凉。

在糯米饭还有余温的时候开始搅拌，每斤糯米饭加精盐6分（3克）、白糖2钱（10克）、猪油5钱（25克）、胡椒粉2分（1克），拌匀。

糯米鸡馅的制作方法

◎ 用清水1两（50克）将生粉4钱（20克）开成粉浆，将小部分生粉浆加入4两（200克）已切成1立方厘米方丁的五花肉中拌匀，将馅中的肉类放入锅里，过一过油。

◎ 将浸泡好的虾米或干章鱼等海味爆香，加入绍酒3钱（15克），放入馅料及调料，加入清水或二汤，滚2~3分钟，用湿粉勾芡。

◎ 将筛好的面粉加入正在煮的馅料中，不断搅拌，加入1两（50克）尾生油，搅拌均匀，直到馅料再起大泡，将馅料倒出，晾凉备用。

◎ 一般一个糯米鸡用2.5钱（12.5克）的鸡肉，泡过油后加入调味料蒸熟。

包糯米鸡

将荷叶的底部朝下，排成格形，用熟油轻轻在表面上抹一层，然后按照糯米鸡的大小，将饭料放在荷叶上。一般糯米鸡的饭团为2~2.5两（100~125克）。荷叶底部先放上1两（50克）饭，加上碎馅和鸡块，再盖上一个饭团，接着将荷叶包好，糯米鸡即成型。包好的糯米鸡3~3.5两（150~175克）重，上笼用猛火蒸，单笼蒸15分钟，多笼蒸的时间稍长一些。

制作关键

（1）处理好饭，蒸好的饭要呈粒状，熟透不粘连。

（2）处理好芡汁，解开糯米鸡时，散馅上要有少量芡汁挂在饭上，因此芡汁的处理很重要。

（3）马蹄粉或生粉用开水勾芡，然后用筛好的面粉推芡。

（4）突出糯米鸡的特色，要加少量海味。可以加碎虾米、鱿鱼、干章鱼或干贝，突出海味的风味。

市桥白卖

市橋白賣～價增

卸下黄袍帝王身
白衣微服蹓閒行
巧逢河畔漁家女
大悅龍顏價顯增

何世晃並書

【诗意】这是一首赞颂市桥白卖的好诗。头两句描述白卖外皮是白色的；后两句暗示白卖以鱼青为馅，且极受宾客喜爱。

【注释】龙颜：借指帝王。

市桥在广州市番禺区，因为市桥近水乡，市桥的茶楼、酒馆里有一道地道的食品，叫市桥白卖。早在二十世纪三四十年代，市桥白卖便流入广州茶馆、酒楼，它与干蒸烧卖不同，干蒸烧卖纯粹用鱼肉制作。好的市桥白卖是用鲮鱼青肉制作的，很有地方风味。

诗赏析

诗的前两句，将市桥白卖刻画成一位身穿白衣，微服私访的帝王，潇洒自如。因传统的干蒸烧卖外皮是黄色的，故而卸下『黄袍』，换上『白衣』。后两句则道出此名点的馅料是以鱼青调制而成，因爽口弹牙、味鲜有汁而身价倍增。

全诗笔调动人，借景抒情，想象非凡，比喻豪放，以换白袍来指微服私访，颇有意味，且运用贴切巧妙。

用料配方

鲮鱼青1斤（500克）、肥肉2两（100克）、猪油渣1两（50克）、腊润肠1两（50克）、湿陈皮3钱（15克）、芫荽3钱（15克）、葱花3钱（15克）、生粉3钱（15克）、精盐2.5钱（12.5克）、白糖2.5钱（12.5克）、白胡椒粒粉1钱（5克）、尾生油5钱（25克）、食粉和枧水各1钱（5克）、鸡粉1钱（5克）、味精1钱（5克）

制作方法

皮的制作方法

在盆子里放入9两（450克）澄面粉和1两（50克）优质生粉，混合好后加入1.5斤（750克）开水，用棍子迅速搅拌均匀，加盖焗3～5分钟，然后加入少量的猪油渣，把糊化的面粉揉至顺滑，这样市桥白卖皮就制作完成了。

馅的制作方法

◎ 较高级的市桥白卖馅可用鲮鱼青来做，一般的市桥白卖馅可以用去了皮的鲮鱼肉来做。我们将去皮的鱼肉切成薄片打成蓉，肥肉用开水烫过，切成白豆大小的颗粒状，猪油渣、腊润肠也切成白豆大小的颗粒状，湿陈皮、芫荽、葱花切碎。开始拌馅，加入2.5钱（12.5克）精盐，加入鱼青，顺着一个方向慢慢搅拌。如果用搅拌机，则开到最慢挡进行搅拌，5斤（2 500克）以下的馅搅拌15～20分钟。在搅拌过程中，鲮鱼青的黏度越来越大，胶质越来越多，直到鱼蓉能粘手。可以将鱼蓉用力往盆边摔，撞击后鱼蓉的黏度更大。

◎ 将准备好的配料，如生粉、食用油、味精、葱花等（尾生油除外），全部加入鱼蓉中一起搅拌。5斤（2 500克）以下的鱼蓉再搅拌大概10分钟就可以了。

◎ 最后下尾生油，搅拌均匀，即可放入冰箱，大概冷藏半个小时就可以拿出来制作市桥白卖。

包制市桥白卖

将1.5钱（7.5克）的皮用刀压薄，包上约4钱（20克）重的鱼胶馅，要求腰细、底宽、口松，形似花瓶状，包好后放入抹好油或已用荷叶铺底的蒸笼中，用猛火蒸7～8分钟即可。

咸、甜萝卜糕

萝卜糕 革新

鴛鴦蘿卜滙成珍
奪目耀人且創新
逆向醎甜齊並舉
秋冬常品賽人參

何世堯竝書

【诗意】冰糖萝卜糕是以胡萝卜、白萝卜汇合而成。胡萝卜熟后色泽嫣红，展现诱人的魅力；萝卜糕历来是咸的，现改成甜点，反其道而行之；末句示意此品是保健营养美食。

诗赏析

短短四句诗展示出冰糖萝卜糕的特点：色彩明艳的糕体，通过胡萝卜、白萝卜共同展示出来；此品从传统咸食变为甜点，逆向思维殊可赞，开创了粤点之先河。诗的主题明快清新，语言流畅。

冰糖萝卜糕在秋冬季节食用很滋润，很有益，可以媲美人参。

用料配方

❶ 冰糖萝卜糕的用料配方

白萝卜3斤（1 500克）、胡萝卜1.5斤（750克）、玉米淀粉1.3斤（650克）、清水2.5斤（1 250克）、食用油3两（150克）、精盐3钱（15克）、枧水8钱（40克）、冰糖8两（400克）

❷ 钵仔萝卜糕用料配方

水磨粘米粉6两（300克）、玉米淀粉6两（300克）、粗萝卜丝5斤（2500克）、清水2.5斤（1250克）、虾米腊味0～1.5两（0～75克）、猪油4两（200克）、冰糖2两（100克）、鸡粉1.5钱（7.5克）、味精1.5钱（7.5克）、靓胡椒粉1钱（5克）

制作方法

冰糖萝卜糕的制作方法

◎ 把两种萝卜切丝，胡萝卜要切成比较细的丝，如姜丝状；白萝卜切成一般的丝即可。

◎ 将玉米淀粉用1斤（500克）清水浸发30分钟，让水和玉米淀粉相互渗透。

◎ 将剩下的1.5斤（750克）清水、胡萝卜、白萝卜用慢火煮开，煮到萝卜变色，胡萝卜的色素就会使水由透明变成淡黄色。

◎ 将枧水、食用油、精盐、弄碎的冰糖放入锅内一起煮，当冰糖溶解，萝卜水再次煮开时即可。

◎ 将刚才浸发的粉浆加入萝卜中慢慢搅拌至均匀，就可以开始蒸糕。

◎ 在九寸钢盘上抹上薄油，倒入糕浆，用中上火蒸30分钟便熟。

◎ 冰糖萝卜糕蒸好之后放凉，切成片状，略煎就可以食用。

创新吃法：如果在夏天，冰糖萝卜糕在原来用料的基础上，再加上1斤（500克）清水、2两（100克）冰糖一起煮，用杯盛装炖熟，晾凉后冰冻，可以制成啫喱状的冰糖萝卜糕。

砵仔萝卜糕的制作方法

◎ 将水磨粘米粉、玉米淀粉与清水混合后浸发1小时，然后加入全部味料拌匀。

◎ 虾米腊味用猪油慢火爆香。

◎ 加入粗萝卜丝、冰糖煮至半熟，熄火。

◎ 撞入粉浆，搅匀后上盘，用猛火蒸40分钟。

◎ 如煎萝卜糕，清水减少半斤（250克），其他不变。

创新做法：如果想做好的萝卜糕，可先用鱼骨炖成汤，代替清水煮萝卜，那么做出来的萝卜糕会更鲜甜，比放虾米、腊味味道更好。

咸萝卜糕分两种，一种做好之后煎着吃，另一种蒸好后就吃。一般蒸制的萝卜糕都会加入冲菜粒和煮熟的花生米，在基本用料情况下再加1斤（500克）清水，放入冲菜粒和熟花生，蒸熟便可，这适合用勺子舀着吃。加了1斤（500克）清水后不用再加调味料，因为蒸熟后加葱花、生抽和熟油即可食。

中秋月饼

墨客文人賛譽多
頌傳美麗數恆河
中秋月滿團圓夜
共享天倫齊賦歌

月餅～共享
何世晃並書

【诗意】

月饼有着悠久的历史，过去不少诗人与墨客为中秋写了许多赞歌，数之不尽。全家相聚，在中秋赏月时一起吃月饼，同庆节日同唱歌。

【注释】

恒河：印度传说中很古老和很长的河流。

诗赏析

作者从抒发情怀的角度来写这首诗，引证了中秋节的美丽传说。历史上诗人们对中秋赞誉有加，比如：苏东坡的『但愿人长久，千里共婵娟』……诗中还展现了合家欢聚庆团圆，齐齐吃月饼，一起高歌的欢乐祥和情景。作者以诗寄情，只有国家强盛，人民才有幸福可言，我们要珍惜这种和谐社会的安居乐业。

此诗格调明快，情景交融，意味无穷。

在此，我们主要介绍广式月饼。广式月饼盛行于广东、广西、海南、港澳等地区，近年来已经遍及世界各地。广式月饼主要的特点就是选料上乘，精工细作，花纹图案清晰，皮薄馅丰，色泽金黄，味美香醇。从饼皮上划分，基本有三种：第一种是糖浆皮月饼，第二种是较为西式的拿酥皮月饼，第三种是冰皮粉的月饼。其中以糖浆皮月饼为主，广式月饼绝大部分是用糖浆皮制作的。糖浆皮制作的月饼，存储时间较长，可咸可甜，风味独特。

用料配方

❶ 糖浆的用料配方

白糖100斤（50千克）、清水40斤（20千克）、柠檬酸6钱（30克）、液体白葡萄糖5斤（2 500克）

❷ 馅的用料配方

糖浆1斤（500克）、枧水2钱（10克）、低筋月饼皮粉1.25斤（625克）、生油3两（150克）

❸ 五仁咸月饼馅的用料配方（按400个加头月饼计）

生肥肉头20斤（10千克）、白糖16斤（8 000克）、优质曲酒6两（300克）、瓜仁12斤（6 000克）、杏仁12斤（6 000克）、白芝麻仁12斤（6 000克）、桃仁10斤（5 000克）、榄仁6斤（3 000克）、糖冬瓜6斤（3 000克）、冬瓜蓉16斤（8 000克）

❹ 五仁咸月饼调味料的用料配方（按400个加头月饼计）

五香粉2钱（10克）、盐3.2两（160克）、优质生油3斤（1 500克）、鸡精2两（100克）、味精1两（50克）、胡椒粒粉2两（100克）、芝麻酱8两（400克）、三洋糕粉5斤（2 500克）、清水5斤（2 500克）、尾生油3斤（1 500克）

制作方法

糖浆的制作方法

◎ 首先放水在锅内烧至沸腾，然后徐徐放入白糖，使其溶解，当白糖倒入水中全部溶解后，用中火炼。

◎ 白糖炼至起泡沫，由细泡沫变成个别大泡沫，则把液体白葡萄糖和柠檬酸放入糖水中，改用慢火继续提炼至糖浆温度为110℃，或由原来的100斤（50千克）白糖、40斤（20千克）清水、5斤（2.5千克）葡萄糖总重145斤（72.5千克）的物料提炼至约131斤（65.5千克）的糖浆就基本可以了。因为糖浆的稀稠度会直接影响月饼的质量，是制作月饼最关键的地方。如果糖浆过稀，则含面粉过多，饼皮硬实，不易上色；如果糖浆过稠，则含面粉较少，也会使月饼皮色泽暗淡。所以，炼至温度为110℃便可以过滤放置，冷却后一周便可用于制作月饼。

面粉开窝

加入糖浆后放入枧水，让糖浆与枧水全部混合，拌匀后加入油和匀，糖浆先和枧水接触，再和油接触，这是很关键的地方，最后才放入全部的面粉，揉成稀软的糖浆粉团，经过1小时的放置，就可以制作各款月饼。

月饼馅的制作方法

◎ 将生肥肉头切粒，用优质曲酒拌匀，加入白糖成为冰肉，腌半天后再拌其他馅料。在腌肥肉的过程中将杏仁、桃仁洗干净后滤干，烘干。杏仁采用有衣南杏。白芝麻仁也应烘至淡金黄色，榄仁烘干。

◎ 拌馅时先把5斤（2.5千克）清水和全部调味料一起搅拌均匀。将全部主料放在案板上，首先将三洋糕粉撒在主料中搅拌均匀，使糕粉第一时间接触仁料、肉料和蓉料，将配好调味料的水洒在原料上，慢慢搅拌均匀，最后加入尾生油和匀。

甜的五仁月饼馅区别在于：

◎ 加入糖橘饼［6～8斤（3～4千克），蒸软后切成小粒］。

◎ 与咸味相关的调味料均不使用。拌好馅后经过约2小时，让水和糕粉充分混合，便可人工抓馅或用机分馅。由于五仁与馅蓉口感不同，所以，五仁月饼皮可以稍厚一些，每一个加头饼加皮1钱（5克）。

月饼的制作及烘焙

◎ 广式月饼有两种：一种是足斤月饼——4个饼合计1斤（500克）重，足斤月饼的饼皮为4～5钱（20～25克）；另一种，如果4个饼合计1.5斤（750克），则被称为加头月饼。一般每个饼皮6～7钱（30～35克），这样的月饼才是薄皮的广式月饼。用面粉做粉心，压薄月饼皮，包上不同的馅料，然后用模具或机械压出不同的月饼形。

◎ 烘烤前要处理好蛋液，一般是1斤（500克）蛋液加上约5钱（25克）食用油，搅拌后过滤。另一种方法是在1斤（500克）蛋液中抽出2两（100克）蛋白，使蛋黄占的比例多些，然后加食用油搅拌后过滤。

◎ 烘烤月饼。入炉前要先用水喷湿月饼面，使月饼的花纹更加清晰。一般面火200～210℃，底火180℃。在烘烤的过程中，当月饼烘烤约15分钟时要出炉烘15分钟，轻轻涂上薄蛋液，再入炉烘15分钟，一直烤至由浅金黄色变为金黄色，饼腰开始着象牙色、微胀身便可出炉了。不能用过高的炉温烘烤，否则会影响月饼的存放时间。

制作关键

（1）炼糖时不能炼生糖，否则会直接导致馅和皮“翻生”（糖转化成结晶状）、发白，更不能让糖浆过稀或过稠，过稀难着色；过稠，饼皮含面粉过少，造成色哑。

（2）枧要适度。枧适度的月饼底部布满均匀的、微小的针孔。枧不够，月饼底部会出现浅的、大小不均的疤痕。枧过重，月饼面呈现青色，饼底不见针孔。

（3）避免月饼“离壳”（皮馅分离）。出现此问题可能是因为：①制作时用的粉心太多，粉粒隔开了饼皮和馅心，形成“离壳”；②馅含油过多，也会“离壳”；③糖浆过稠，本身含的面粉少，也会导致“离壳”；④枧过重，也会导致“离壳”。

因此，对中式糖浆皮的月饼，我们要很细致地分解其各个关键的步骤才能做好。首先，搓皮时不能错序，糖、枧混合后才放油。其次，皮的软硬度要适中，不能为了操作方便而用硬皮，否则会导致“离壳”，饼无光泽，很难“回油”（成品放置后油溢出表面），应达到偏软而不稀的地步，所以，1斤（500克）糖浆用1.25斤（625克）的低筋月饼皮粉较为合适，最好是2～3天才回油。

冰皮月饼

冰皮月饼在20世纪末风行一时，身价昂贵，但目前已入寻常百姓家，市面上也有很多冰皮月饼粉出售。做冰皮月饼比做糖浆皮月饼容易，制作时按冰皮粉包装上的配方比例，加入适量洁净的蒸馏水和适量的奶油，在绝对卫生的环境下搓皮，因其没有经过加温便入口食用，所以，对卫生要求很高。搓好皮最好放置一段时间，便可包上奶黄馅或白莲蓉馅或加入咸蛋黄，或用绿豆馅、红豆沙馅等，成为各式各样的冰皮月饼。一般冰皮月饼的皮不能过薄，皮馅比以4：6为宜，即4钱（20克）皮，6钱（30克）馅，包馅后用清晰的饼模印制，然后放在恒温柜中冷藏放置。冰皮月饼要求个头要小，在原来白色的基础上，可以加入各种天然色素，如绿色的绿茶粉、红色的红枣汁、黄色的芝士粉、利宾纳等不同色素，与水先混合再进行搓制，便可制出不同色彩的冰皮月饼。

肠粉

腸粉～贊賞

白雲山水輾瓊漿
勝地沙河分外香
中外來賓齊贊賞
銀姑為此太韜光

何亞晃並書

【诗意】

此诗头两句是对肠粉的写照：沙河粉之质优，关键是以白云山的泉水来辗磨米浆，成为远方客人到羊城来必尝的佳品，小食店银记也因此品沾光，宾客盈门。

诗赏析

本诗自然流畅，主题鲜明，刻画出广州名小食肠粉的内涵。广州肠粉尤以沙河粉为代表，此点用白云山的山泉水制作而成，软滑爽韧，中外来宾来到广州必尝此品。

肠粉是广州较为出名的小食，外地人来广州都喜欢品尝这里的肠粉。大至高级宾馆，小至街边食肆均有肠粉供应，但真正做得好的肠粉店则屈指可数。

用料配方

肠粉浆的用料配方

优质大米1斤（500克）、生油1两（50克）、精盐2钱（10克）、清水2.3斤（1 150克）

制作方法

◎ 磨米浆（可参照伦教糕磨浆法）。

◎ 米浆磨好，加入清水1/3，精盐2钱（10克），生油1两（50克），用手或机械搅拌10分钟，使精盐、生油、米浆相互渗透，再加入清水1/3稀释。

◎ 用白开水（即清水的1/3）冲入已稀释的米浆内，迅速搅拌让全部米浆受热糊化。

◎ 蒸肠粉布，用调制好的肠粉米浆1份，加入清水2份拌匀，把稀浆洒在每条布上蒸3分钟，让布孔渗透稀浆液，使肠粉更容易脱布。

◎ 蒸肠粉时，把布铺平，放上肠粉米浆，加入馅料，加盖蒸3分钟至肠粉表面出现大气泡，便可出炉。

◎ 肠粉中的各式肉类馅料，按制作生咸馅的方法调配便可。

制作关键

（1）严格掌握三大工序：打米浆、撞米浆、蒸布。

（2）如用粘米粉，必须使用优质的水磨粘米粉，但应提前浸粉1小时，其余可按上述步骤操作。

（3）用成品的肠粉浆1.2斤（600克）加入熟南瓜蓉2两（100克）、优质生粉1两（50克），混合拌匀，便能制作出亮丽如画、健康有益的各式南瓜肠粉。

（4）用上述调制好的南瓜肠粉浆加入白糖2两（100克）、枧水3钱（15克）拌匀，便可制成带甜馅或不带馅的各式甜肠粉。

（5）要调配好充当“绿叶”的酱油。

排骨烧卖

排骨燒賣——难停

早茶排骨譽全城
功細味奇配料精
巧婦難從家覆制
嘗教軀胖筷難停

何世尧敬书

【诗意】

排骨烧卖是誉满南粤的早茶美点，味奇特，工艺细致，用料考究，家庭主妇在家中极难制作，因味道奇特，肥胖者也吃不停口。

诗赏析

本诗对最受人们欢迎的早茶美点排骨烧卖进行了描写，全诗对此点刻画得细腻、精确。作者的文笔潇洒自如，写得真实、生动、贴切。

排骨烧卖是早茶市烧卖类中最畅销的品种之一，它随着季节不同、地方口味不同而变换，配料、做工精细，搭配多样。很多人认为，只有在茶馆、酒楼才能吃到真正的排骨烧卖，在家中是制作不了的。

用料配方

排骨1斤（500克）、蒜蓉2钱（10克）、生抽1.5钱（7.5克）、白糖3钱（15克）、精盐1.2钱（6克）、味精1钱（5克）、食粉4分（2克）、鸡精1钱（5克）、生粉5钱（25克）、胡椒粉3分（1.5克）、生油4钱（20克）、麻油5分（2.5克）、清水1.5两（75克）

制作方法

◎ 把排骨洗净，斩成方块，每件约2钱（10克），每斤排骨用枧水1钱（5克）、白糖3钱（15克）、食粉4分（2克），腌制1小时，再用清水洗净，排骨量较多时可用脱水机慢挡洗，务求把血水洗净，洗后沥干水分。有些师傅把排骨用水冲洗1个多小时，一来过于浪费水，二来排骨肉味也洗没了，因此此法不可取。

◎ 把蒜蓉、生抽、白糖、精盐、味精、鸡精、胡椒粉、麻油、清水放入排骨中拌匀，接着加入清水，再下尾油，放入冰箱，使各种调味料渗入排骨中，排骨入味后便可分碟。

随着季节和口味的变化，排骨烧卖可适量加入酸梅酱、豆豉、喼汁、面酱等。如加入酸料，要在馅底加适量糖，加入带咸味酱料，也可加适量糖，务求味道鲜美。

制作关键

排骨块不宜过大，否则影响入味和美观。上碟时加入炸过的香芋、马铃薯、金瓜、粉葛等垫底，使口味更可口。

艾糍

艾糍～桑根

香艾原爲五邑根
爭佳風味耐人尋
思鄉游子情深切
手捧糍粑淚滿襟

何世晃並書

【注释】

五邑：五邑为侨乡，包括台山、开平、恩平、新会、鹤山。

泪满襟：热泪滴湿衣裳。

【诗意】

产于侨乡五邑地区的田艾，制成美点艾糍后，别具风味；后两句则是抒发归侨对乡土的怀念，是人们情深意厚的真实写照。

诗赏析

田艾生长在田野的山坡上，具有祛风湿、调中益气、化痰止咳的功效。五邑地区用田艾制成艾粉，拌入糯米粉或薯粉揉成面皮，以花生、芝麻、椰丝、白糖为馅，制成别具风味的艾糍。

此诗情景交融，刻画出五邑华侨手捧艾糍品尝时深切怀念故乡之情和归故里与家人团聚之喜悦。

作者诗意明晰动人，语言质朴真实，托物寄情，具有无穷韵味。情真意切，令人感动。

田艾也称清明草、艾蒿，每年元宵过后，郊外的田野山坡上便长出了青绿的田艾。过去中山、湛江、五邑等地的民众于此时节便结伴到田野去采摘田艾，回来后洗净、水煮，去除涩味，用刀头捣烂，拌入糯米粉、番薯粉、白糖，搓成皮，用花生、芝麻、椰蓉等制成各种馅料，包成或甜或咸的糍粑，用蕉叶垫底猛火蒸熟。现在艾糍全年都可吃到，一些食料店有干艾粉出售，中山等地酒楼、茶楼全年都有艾糍供应。

《本草纲目》中介绍田艾有调中益气、止泄除痰、去热咳、除肺中寒等药理作用，还有扩张血管、降血压、治疗消化性溃疡、止咳镇痛的作用。

现在的艾糍，可用糯米粉或澄面粉制作，或可用两者搭配混合制成。

用料配方

❶ 皮的用料配方

糯米粉6两（300克）、澄面粉4两（200克）、白糖3两（150克）、开水7两（350克）、猪油1两（50克）、鲜艾或艾粉适量

❷ 馅的用料配方

干椰丝5两（250克）、花生碎3两（150克）、白芝麻2两（100克）、潮州粉1两（50克）、白糖5两（250克）、熟油1两（50克）、凉开水1两（50克）

制作方法

◎ 把糯米粉、澄面粉、白糖、鲜艾或艾粉放进盘里，倒入7两（350克）开水，迅速拌匀再放猪油拌匀，后放入抹了油的铝盘蒸熟，冷冻备用。

◎ 把花生碾碎炒香，白芝麻洗净炕香，并与其他配料拌匀成甜馅，若制咸点则要先把咸馅煮熟。

◎ 把冷冻的艾糍皮分件包上述甜馅或咸馅，用抹过油的蕉叶垫底，用猛火蒸约10分钟，出炉冷冻便可食用或售卖。

◎ 也可用饼模印成艾饼然后上碟（如制艾饼，澄面粉的比重要大于糯米粉，印出的饼才美观）。

艾糍以冻食更甘香。

苹叶角

苹婆香葉早傳聞
翠綠輕披白帛身
盛夏淺嘗方解暑
初種細啖亦怡神

蘋葉角（解暑）
何世晃並書

【诗意】

苹叶角是广式独有的名点，将苹婆树的嫩叶包裹着含有甜馅的糯米团蒸熟，鲜而清香，此品在盛夏与深秋品尝味更美。

【注释】

苹婆：一种树，其果实谓凤眼果，热带植物，全年绿叶，有降温解暑的功效。此树生长于南方，每年秋天结果，因果实熟后壳开裂如凤眼形，所以有凤眼果之称。其风味犹如栗子。而酒楼食肆均以其叶包制糯米团类品种，每年初夏至秋末盛行，叫苹叶角。包什么馅料即叫什么苹叶角。特点：软糯甘甜，不粘牙，微有叶香味，啖之清爽宜人。

诗赏析

此诗前两句，作者道出了以苹婆树嫩叶包后蒸制的糯米团，软滑可口；后两句则写出这款美点夏日能消暑，深秋可怡神。

全诗不落俗套，通过写实主义的手法表达此情此景，朗朗上口。

用料配方

❶ 糯皮的用料配方

糯米粉1斤（500克）、澄面粉2两（100克）、白糖3两（150克）、猪油1两（50克）、清水1.2斤（600克）

❷ 馅的用料配方

干椰丝1斤（500克）、白糖1.5斤（750克）、炒芝麻3两（150克）、冰肉3两（150克）、猪油2两（100克）、糕粉1.5两（75克）、凉开水3两（150克）

制作方法

◎ 把全部原料混合拌匀，倒入已抹过油的盘内蒸熟便成熟糯浆皮，晾凉后便可包制各式各样的苹叶角品种。

◎ 把上述馅料配方混合拌匀放置半小时，让其相互渗透便可包制各式椰丝制品，也可用豆沙莲蓉做馅料。

◎ 先把苹叶用温水洗净抹干并上油，把熟糯皮分件，每件皮约5钱（25克）、馅3钱（15克），呈枣形，用苹叶包裹，再用牙签在接口处别住，用剪刀剪齐口，入笼用猛火蒸3分钟即可。

制作关键

（1）切勿过火，否则叶香尽失。

（2）当有鲜椰丝时，使用鲜椰丝替代干椰丝。若用干椰丝，事前要把干椰丝蒸30分钟才能突显鲜椰丝的风味。

【诗意】这首诗是对蛋糕的介绍。头两句点明蛋糕是一种常见的甜品，中式西式花样众多；而后两句示意蛋糕可在婚礼、生日宴等多种场合下食用。

蛋糕

【注 释】

尽罗：详尽罗列。

鷄蛋糕——共享

佳糕以蛋何其多
遠近中西難盡羅
慶典生辰婚宴會
富貧均享樂諧和

何去晃並書

诗赏析

此诗将老少咸宜的美食——蛋糕的内涵刻画得很细致。尽管蛋糕只是蛋与面粉的结合体，但作为美食的一种，且形状款式林林总总，数不胜数；而大型的花式蛋糕更是一项艺术品，庆典、婚礼、贺寿、祝贺等都用得上。

作者以流畅的文笔，互相烘托而又联合，营造出一个鲜活的主题。

用料配方

❶ 传统中式蒸蛋糕的用料配方

低筋面粉8两（400克）、白糖9两（450克）、净鸡蛋1斤（500克）

❷ 生日蛋糕（糕底）的用料配方

净鸡蛋1斤（500克）、白糖4～5两（200～250克）、蛋糕油2.5钱（12.5克）、清水1两（50克）、低筋面粉4～5两（200～250克）、溶黄油1两（50克）、淡鲜忌廉适量、水果适量

❸ 芝士蛋糕的用料配方

忌廉芝士6两（300克）、白糖1.3两（65克）、鸡蛋2个、酸牛奶6钱（30克）、淡忌廉2两（100克）、粟粉1.8钱（9克）、柠檬汁3钱（15克）

制作方法

传统中式蒸蛋糕的制作方法

把蛋糕筒洗净抹干，放入净鸡蛋、白糖搅拌至原体积的5倍，用手徐徐把面粉加入拌匀后，放进没有抹油的已垫底纸的方格内抹平，面上可放咸蛋碎粒和芫荽叶作为表面装饰。此种蛋糕，蛋味清香、弹性好且无疏松剂，环保健康有益。

生日蛋糕的制作方法

◎ 先把低筋面粉和白糖倒进蛋糕机内慢速搅拌混合，再加入鸡蛋、蛋糕油、清水，慢速搅拌全部混合，再改用快速搅拌。体积膨胀约4倍时再改为慢速搅拌，加入黄油后倒入底部垫油纸的蛋糕圈内，用面火200℃、底火180℃烤熟出炉。

◎ 淡鲜忌廉用小打蛋机迅速打至糊状（拿部分和水果粒混合），将晾凉后的蛋糕夹在中央，用剩下的忌廉将整个表面抹平，裱上各式图案便成。

芝士蛋糕的制作方法

◎ 先在机内把忌廉芝士拌至顺滑后加入混合好的白糖和粟粉慢速搅拌，依次加入鸡蛋、酸牛奶、淡忌廉，最后加入柠檬汁。

◎ 蛋糕芝士浆完成后，倒入事前备好垫有饼干碎（消化饼或苏打饼）和牛油混合成的饼底（饼干碎100克、牛油10克混合）的模具中。

◎ 由于该种芝士蛋糕芝士成分较重，烘烤时间较长，宜用面火约160℃、底火约180℃隔水烘烤。以6寸蛋糕模具为例，需烘烤约1小时，由于芝士成分重、口感香浓，加入酸奶、柠檬汁可使成品口感清爽而不腻。

牛肉烧卖

百料齊供一肉团
太牢美譽我為尊
汁清離碟才珍品
長盛不衰萬代傳

牛肉燒賣～長盛～
何世晃並書

【诗意】前两句意思是：牛肉烧卖用多种原料调制而成；后两句指出牛肉烧卖的质量要求。这款点心是宾客极为喜爱之品，源远流长。

诗赏析

牛肉烧卖为球形（肉团），作者落笔自然，衬托出牛肉烧卖馅料颇多（超过20种配料），以百料来形容，有马蹄粒、肥肉粒、葱菜粒、凉瓜丝……在后两句里作者从烹饪技术上论述此品以汁液清澈、不粘碟、色泽亮为佳。

全诗读后令人感怀此品，垂涎欲滴。

牛肉烧卖、虾饺、干蒸烧卖与叉烧包并称为广东名点心四大天王。牛肉烧卖本来是牛肉丸，但由于配料多，调配得法，风味独特，所以，深受广东人的喜爱。此品种说它难做也不难，说它易做也不易，一定要掌握各个环节的关键才能做好。

用料配方

牛肉1斤（500克）、肥肉2两（100克）、马蹄肉2两（100克）、凉瓜丝2两（100克）、柠檬叶5钱（25克）、湿陈皮5钱（25克）、芫荽3钱（15克)、葱白3钱（15克）、优质生粉1~1.5两（50~75克）、精盐2钱（10克）、白糖5钱（25克）、味精1钱（5克）、鸡精1钱（5克）、胡椒粉5分（2.5克）、生抽3钱（15克）、枧水1钱（5克）、食粉3分（1.5克）、姜汁酒2钱（10克）、清水3~8两（150~400克）、尾生油2两（100克）、麻酱3钱（15克）

制作方法

◎ 把牛肉切成方块状，约1两（50克）重，把血水冲洗干净，滤干水分，冷藏1小时，再用绞肉机反复绞碎。

◎ 把其他配料处理好，先把肥肉切成粒状，约3毫米丁方的粒状，马蹄肉同样切成粒状，凉瓜丝切成细丝，约6厘米长，柠檬叶切丝后放入牛肉内一起用绞肉机绞烂，让柠檬叶同牛肉进一步融合，湿陈皮炖透后绞烂，把芫荽、葱白切好，优质生粉用1/3清水开浆浸发，姜磨成姜汁，然后把姜汁放在酒中，姜酒同量，则成姜汁酒。

◎ 配料准备好后，就开始拌馅，应该先将枧水和食粉、精盐放在牛肉内搅拌至起胶，腌制过夜渗透。如果用机器，则搅拌10分钟，让精盐、枧水渗入牛肉内，使牛肉的胶原蛋白渗透出来，形成胶黏状态，放入冰库冷藏。

◎ 次日，从冰库中取出牛肉，继续搅拌，先用1/3清水开生粉浆，余下2/3清水最好采用冰水或冰粒，继续不断搅拌加水（要看牛肉老嫩程度加减水量）。当水加入后，牛肉再次粘手，形成胶状，再把其他的配料（葱白、姜汁酒除外）加入搅拌一段时间后，加入粉浆，搅拌均匀，加入尾生油搅拌均匀，放入冰箱冷藏。

制作关键

何时加入葱白和姜汁酒呢？如果当天能卖完的，就可以与其他配料一起放入，如果当天卖不完的就最好在挤牛肉球前才加进去，因为葱经过一夜的冷藏会发出葱臭味，影响到牛肉的纤维分解，所以最好掌握时间，才能使牛肉烧卖增香去膻。

咸煎饼

咸煎餅～癮記

西關名食數鹹煎
形似塔香半離黏
嘗罷難忘成癮記
德昌須去卯洲傳

何世晃敬書

【诗意】

咸煎饼是广州西关的知名美食。其形状似塔香，由于其味美，吃过则会成瘾。德昌茶楼的咸煎饼最为驰名。

诗赏析

作者用精练的文笔勾画出美食咸煎饼的精粹。咸煎饼是西关驰名的产品，其形状似庙中供奉的塔香，饼中的回形圈既黏又离。咸煎饼是荔湾区德昌茶楼的品牌美食，可惜的是，该店已经不存在了，但人们还记得德昌咸煎饼的美名，且难以忘怀。

全诗层次分明，对仗工整。

用料配方

中筋面粉1斤（500克）、白糖3两（150克）、食粉5分（2.5克）、臭粉5分（2.5克）、泡打粉1.2钱（6克）、精盐2.5钱（12.5克）、南乳1.5两（75克）、稀面种5钱（25克）、青蒜和白蒜各3钱（15克）、枧水1钱（5克）、清水6两（300克）、白芝麻适量

制作方法

◎ 中筋面粉和泡打粉筛过待用。

◎ 把白糖、精盐、稀面种、食粉、臭粉、南乳、青蒜和白蒜、清水、中筋面粉放进盆中拌匀（或用蛋糕机开慢挡拌匀成软面团）。

◎ 放置30分钟后把面团揉叠一次，放置30分钟然后再揉叠一次，后再放置15分钟，把面团用通槌开薄，抹油和水（一半油一半水混合），卷成筒形切件，在切口处洒上芝麻稍压扁，在木板上放置约20分钟，用160℃中油温炸香。

◎ 下油锅时用手稍压扁面饼，用手指顶着中间在锅边下锅。

特点：有浓厚的南乳和蒜香味，口感边皮松酥，中间酥脆。

制作关键

（1）掌握好面粉筋度，中筋面粉的搭配以低筋占八成、高筋占两成为宜，因此面粉要带点筋度，但筋度过大会影响松发（自然膨松）。

（2）由于面团搓擀后需放置较长时间，最好能用瓷盘或不锈钢盘装，否则会影响面团色泽。

（3）面团二次放置过程，应另用清水5钱（25克）与枧水和匀，在揉叠时分别少量放入，能使面团顺滑更佳。

（4）抹油水实为把2/3清水和1/3食用油混合后洒在开薄面团表面，其目的是使面团一部分能沾上水，另一部分能沾上油，使面团卷筒后起到半黏合作用。

（5）枧水量应视天气冷热而加减，要灵活掌握。

（6）由于半成品先后下锅，也应先后起锅，才能色泽一致。

麵包～繽紛

洋人主食包為根
歐亞截然兩地分
丹麥榮膺爲上品
繁嵤式樣顯繽紛

何世晃並書

面包

【诗意】西方人士以面包为主食，而亚洲人则以大米、麦、面为主粮，西方的面包以丹麦所产的最优，面包现在在我国已非常普及。

诗赏析

诗中精辟地浅析了美点面包的内涵，洋人的主食是面包，而中国人的主食是米面，截然不同；西方面包以丹麦为优质代表，如今面包已成为我们日常生活中深受人们喜爱的品种了。此诗主题鲜明，语言清新，自然流畅。

面包原是洋人主食，由于营养丰富，携带方便，早已成为国人主食或杂食。面包大致有三大种类：硬面包、软面包、起酥起层面包。

用料配方

❶ 硬面包（又称欧式包）的用料配方

高筋面粉3～4斤（1 500～2 000克）、白糖3钱（15克）、精盐8钱（40克）、改良剂6钱（30克）、酵母8钱（40克）、清水1.8斤（900克）

❷ 软面包（又称亚式包）的用料配方

面包粉2斤（1 000克）、白糖4两（200克）、精盐2钱（10克）、牛油3两（150克）、奶粉6钱（30克）、鸡蛋2个、酵母2～3钱（10～15克）、改良剂2钱（10克）、清水9两（450克）

❸ 起酥起层面包（又称丹麦面包）的用料配方

面包粉2.8斤（1.4千克）、酵母4钱（20克）、白糖2.8两（140克）、鸡蛋4两（200克）、牛油1两（50克）、精盐2钱（10克）、改良剂1钱（5克）、清水1.3斤（650克）、起酥油1.6斤（800克）

制作方法

硬面包的制作方法

◎ 制作前先用清水约5两（250克）让酵母溶解醒发3分钟。

◎ 发酵后把全部原料放进搅拌机内拌匀，但时间不宜过长，以免过韧影响造型。

◎ 经过约1小时发酵可造型、上盘，再恒温醒发，入炉前一般用锋利刀片划上几条约3毫米的裂纹，使成品熟后有饱满感。炉温为200℃，入炉后用喷雾器装清水喷洒表面2分钟，使面包表面糊化定型。

100克面团约烘18分钟，前10分钟用200℃后8分钟改用160℃。当烤至香脆出炉，成品熟后有浓郁小麦香味，表皮脆硬，内部孔均匀为佳。

软面包的制作方法

◎ 先把用料（牛油除外）放进搅拌机慢速搅拌1～2分钟，至全部原料混合才加速搅拌。热天一定要用冰或碎冰粒，以防搅拌过热降低面团筋度。搅拌至面团拉力至顺滑，面团内面筋充分扩展，手拉呈薄网状即可，放置10分钟后造型。

◎ 可根据不同需求制作有馅、无馅、方包等面包品种，造型后存放温度不高于35℃，露点温度在85℃左右，不要超过90℃。

◎ 放进湿润的保温房醒发，醒发后入炉用200℃烤熟。若是烤枕包、方包，则烤至包身定型后，改用160℃炉温烤熟，出笼离壳。由于软包种类繁多，应视其品种灵活掌握。

丹麦面包的制作方法

拌面团的方法与软面包相同，包身宜稍软，面团拌好后放置15分钟，包上起酥油用开酥机压薄后，折两个四褶再压平放入冰柜冷藏。可长期存放在-20℃的冰柜内，用时解冻造型，用不同水果做馅心。丹麦面包的恒温、恒湿醒发时间与软包制作基本相同。150克面团烤约12分钟，用200℃先烤约5分钟，面包定型后降炉温至160℃再烤约8分钟至成品表面色泽金黄、呈硬脆状出炉。

成品要求：皮脆心嫩，芳香可口。夹馅心的丹麦面包以牛角包为代表。

制作关键

面团搅拌

面团搅拌是面包制作的重要步骤，其目的是充分扩展面筋。在面筋形成的过程中，温度的影响很明显，温度越低，面筋形成速度越慢。一般40℃左右是面筋形成扩展的最佳温度，在冬天搅拌面团所用水温要比夏天高，夏天搅拌面团要适当加入冰水。

面团发酵

温度对面团发酵很重要，发酵的本质是酵母菌生长繁殖的过程，酵母菌适宜在27～32℃环境下生长，而最佳温度则为27～28℃，因此面团发酵应控制在30℃以下。而面团造型后发酵则以带有润湿空气的38～40℃为宜。

面包烘烤

这是制成面包的最后一道工序，俗话说“三分做工七分烤工”，可见烘烤环节的重要性。

造型且发酵后的面包入炉，随着面团温度升高，其表面也在加速膨胀并渐渐开始着色。当包身表面完全呈金黄色，面包团中心温度达到100℃时，面包便可出炉，此时的面包松软、多孔易于消化、味道芳香。掌握上面几大关键，才能制作出各种优质面包。

年糕

年糕～四季情

従俗新丰始作糕
如今四季領風騷
不同域地豐姿異
辛辣鹹甜任貶褒

何世尧並书

【注释】

任贬褒：褒者，赞赏之义；贬者，指责、批评之义，即好坏让人们去评价。

【诗意】

年糕不是过年才有的糕品，而是全年皆有；因地区不同而风采各异，味道咸或甜各随所需。

诗赏析

糕品是人们极为喜爱的美食，而新春佳节的糕品可称为年糕。此诗的前两句讲述了糕品不是过年时的独享之物，而是一年四季都盛产，且以独领风骚来形容其受欢迎的程度；后两句说明糕品在地区之间各展姿彩，且口味众多。

全诗语句简练，意味无穷。

年糕过去是家家户户过年时制作的，为“镇年”的糕点。全国各地虽所用配料不同，但年糕基本上是以糯米粉为主料。上海年糕可汤可炒、可蒸可煮，广东年糕亦随着社会发展和人们生活喜好的不同而不断变化。近年来年糕已成为酒楼食肆常年供应的美点，且因加入各式不同口味和元素，使品种更趋丰富。

用料配方（以广式年糕为例）

水磨糯米粉3斤（1 500克）、澄面粉1斤（500克）、猪油4两（200克）、片糖2斤（1 000克）、白糖1斤（500克）、清水3斤（1 500克）

制作方法

广式年糕的制作方法

◎ 水磨糯米粉和澄面粉放入盆里拌匀。

◎ 用锅煮猪油、糖、清水至沸，将拌匀的水磨糯米粉和澄面粉倒进盆内，用木棍搅拌至顺滑。

◎ 放进九寸盘内，用中火蒸约1.5小时（用筷子插入中央以不粘筷子为熟）。这是年糕的糕底，如加入椰子香粉或椰浆即为椰汁年糕，加入榄仁、鲜橙粉等可制成各式不同的年糕。

年糕有多种制法，若用糯米浸发，磨成米浆后用锅铲制年糕成品更顺滑质佳，调浆时也可放进搅拌机搅拌。

炸年糕的制作方法

◎ 把年糕成品切成长方块或条状抹上蛋面浆，用160℃油温炸10分钟便可加大油温起锅。

◎ 蛋面浆的制法

低筋面粉1斤（500克）、净鸡蛋5两（250克）、清水或鲜奶4两（200克）、白糖2两（100克）、泡打粉3钱（15克）

把全部原料放入盆中混合搅拌便成（此浆又称沸打浆）。

◎ 把年糕切成粒状，与莲子、红豆沙、糖水同煮，便可在节日时出售，意为“红运连年”。

鹅油酥

細啖淺嘗表裡酥
風華正茂席中豪
香畱齒頰甘松化
獨秀一枝質自高

鵝油酥～質高

何世光題書

【诗意】

当你品尝此品时，酥中已含核桃粒；本来核桃酥是用猪油做成的，而今改用鹅油制作；以鹅油入酥甘香松化；可以与进口的丹麦曲奇媲美。

诗赏析

全诗浅述出创新美点的内涵，形容恰当，朗朗上口。前两句道出核桃酥的底蕴，并以香滑鹅油代替了猪油（膏）成为新派的鹅油酥；后两句用词更妙，松化甘香的鹅油酥远胜于外国曲奇。

此诗笔触自然，格调明快，情景交融，令人回味。

鹅油其实是三鸟油（即鸡、鸭、鹅的油），其特点与猪油、牛油不同，其所含的脂肪远比猪油、牛油少，因此用同等分量的鹅油制酥食点心远比猪油、牛油酥化而不感“封口”（有东西堵塞喉咙），又因三鸟油用途不广，可大量炼制用于制作酥饼。

用料配方

低筋面粉1斤（500克）、鸡油或鹅油4.5两（225克）、白糖粉4.5两（225克）、净鸡蛋1两（50克）、泡打粉1.5钱（7.5克）、清水1两（50克）、食粉5分（2.5克）

制作方法

◎ 把低筋面粉开面窝，放进全部原料搅拌均匀，揉透后轻轻叠好，放置约15分钟便可分件搓圆，按不同大小分放在扫有薄油的烘盘内，在其面上刷上蛋液。

◎ 入炉用180℃底火烘熟。

制作关键

（1）在粉团折叠前，可加入烘好的核桃碎、腰果碎、花生碎、榄仁碎制成各种鹅油酥。

（2）清水要按面粉干湿不同加减，不要过度折叠，防止面团起筋影响松化。

（3）切不可用白糖替代白糖粉，否则面团会泻油（面团等因揉得过多致使油溢出表面），影响酥化。

（4）鸡、鸭、鹅油可单独使用，也可混合使用。

（5）注意防潮，避免吸湿。

明治

明治～糯米糍

素面示人如潤脂
懶腰展罷粉微施
東洋名字時髦改
曾喚乳名糯米糍

何世晃並書

【诗意】

此诗形容新派美点明治表面素色，润滑光洁，像涂上了一层薄的脂粉。此品种原是古老的名点豆糠糍，经改良后更为优质。

【注 释】

明治：日本明治天皇年号（186—1912），明治维新是19世纪中叶日本一些革新派发动的以推翻德川幕府为目标的变革运动的称谓。

诗赏析

此诗前两句将明治比喻成一位素面丽人，其皮薄、细嫩、润滑，起床梳洗后伸展纤纤懒腰，略施轻薄的胭脂水粉。后两句则说明治是对古老传统点心豆糠糍进行改良而制成的，其更适合人们的口味。厨艺工作者还特意为它取此美名。

此诗波澜起伏，静中有动，丝丝相扣，笔触动人，堪称隽永的佳作。

明治，是日式点心常用词，此品种是取其革新的意思。传统点心豆糠糍用炒过的黄豆磨成豆糠，粘在糯米糍表面。明治是把配方改良，加大水分、油分，使成品更柔软而不黏口，且有浓郁绿豆香，加上各式新潮馅料搭配，口感柔软香滑，风味特佳，深受年轻一代的喜爱。

用料配方

❶ 面皮的用料配方

优质糯米粉7两（350克）、澄面粉3两（150克）、白糖3两（150克）、白奶油3两（150克）、清水1.5斤（750克）、熟绿豆粉5两（250克）

❷ 馅的用料配方

粟粉1斤（500克）、清水6.5斤（3 250克）、白糖2.5斤（1 250克）、吉士粉1.5两（75克）、牛油至尊粉3钱（15克）、黄油5两（250克）、三花奶1罐、净鸡蛋黄3两（150克）

制作方法

皮的制作方法

◎ 先把糯米粉、澄面粉筛过，与白奶油混合揉匀放进蒸盘内。

◎ 把椰浆与清水混合，分多次加入上述蒸盘内，要边加边搅拌，使油、水、粉渗透顺滑呈稀糊状。

◎ 用猛火蒸约20分钟使其由白色变为蜡色便熟透，冷却备用。

馅的制作方法

◎ 先用5斤（2 500克）清水加白糖、黄油在锅里煮开。

◎ 用1.5斤（750克）清水把粟粉、三花奶、吉士粉、牛油至尊粉开粉水，徐徐倒入沸糖水中搅拌，防止生成粉粒，最后把净鸡蛋黄加入拌至浆熟，表面冒大气泡时离锅（如离锅前加入适量榴梿或芝士粉等便可成为榴梿明治或芝士明治）。

◎ 将皮与馅按7：3的比例制成球状，表面裹上绿豆糠粉末，稍压扁，用特定硬塑包装密封，便成为各式明治，此品种可放置一天不用冷藏。

咸水角

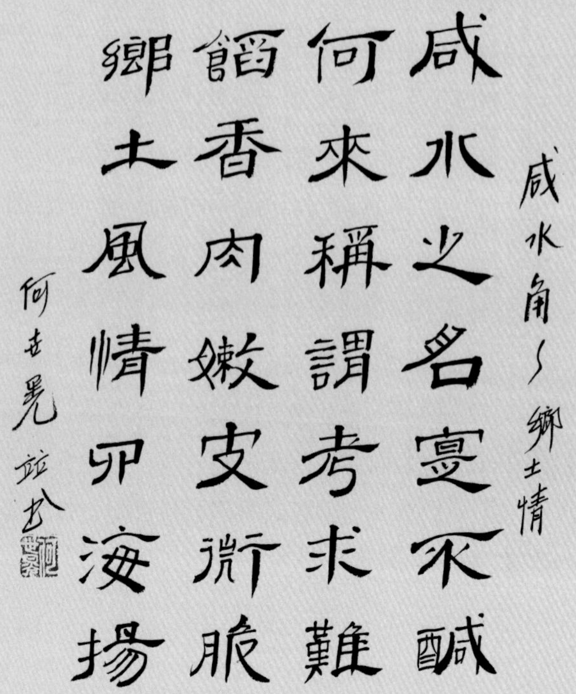

【诗意】

咸水角是粤点之一，皮并不咸，为何叫此名则不得而知。其成品皮脆肉嫩，馅料以乡村普通原料制成，极受宾客的欢迎。

诗赏析

此诗对咸水角做了旁述：『咸水』之称，其实不切实际，亦无从考证；而这道点心传统上称『家乡咸水角』，皆因角中馅料多为乡土之料，蔬菜、萝卜干、五香粉等风味独特，口感亦佳，故成为早茶中很受欢迎的食品。全诗通俗易懂，简练准确，表达贴切。

咸水角以其皮脆、肉嫩、馅味搭配独特而深受人们的喜爱。此品下粥、下茶、下酒均宜。

用料配方

❶ 面皮的用料配方

水磨糯米粉1斤（500克）、澄面粉3两（150克）、猪油3两（150克）、白糖3两（150克）

❷ 馅的用料配方

去皮花肉4两（200克）、碎虾米1两（50克）、熟粉葛5两（250克）、精盐2钱（10克）、白糖4钱（20克）、五香粉3分（1.5克）、胡椒粉3分（1.5克）、白酒少量、生粉6钱（30克）、清水4两（200克）、韭黄粒5钱（25克）

制作方法

◎ 先把约3两（150克）澄面粉用沸水氽熟，冷却后备用。

◎ 把糯米粉、熟澄面、猪油、白糖混合后揉搓，直至白糖溶解成生糯浆，放进冰箱冷藏备用，放置3小时为准（注意：用容器密封，不能沾水）。

◎ 把去皮花肉切成粒状，熟粉葛切粒，碎虾米洗净。

◎ 下锅前先用白酒爆香碎虾米，把水和其他调味料同煮至熟，用生粉浆勾芡（注意：突出五香粉味），馅放凉后才可放韭黄粒。

◎ 用5钱（25克）生糯浆包上3钱（15克）馅成榄核形。

◎ 将油烧至160℃，下锅浸炸，在此期间要不断搅拌，当颜色呈微黄、角浮油面约2分钟时便可加大油温至180℃起锅。

特点：形状胀发美观，所谓“沙梨皮，猪仔碌身”，耐存放而不收缩，突显乡土风味。

笑口枣

原是布衣陋巷來
平凡亦可育英才
豐姿雀躍形神美
不問何人笑口開

笑口枣～形美

何世晃詩書

【诗意】笑口枣原是路边小店的油炸类食品，尽管用料很普通，但成品形态美观，色泽可人，见人就开口笑。

【注释】陋巷：比喻贫苦大众的居屋。

诗赏析

笑口枣历史悠久，用料极为普通，主要为面粉和白芝麻，但制作技术却较为严格。油温很讲究，成品色泽鲜明可人，且爆裂成齐口状。

作者以细腻、质朴、亲切的手法描绘了笑口枣的形态。

笑口枣因全身粘满芝麻，外酥香、内松化而引人食欲，是广式点心的一种。其用料简单、制作严谨，稍不注意便会全部松散或焦黑而不能售卖。

用料配方

低筋面粉 1 斤（500克）、白糖5.5两（275克）、食粉6分（3克）、生油6钱（30克）、清水3两（150克）、白芝麻2钱（10克）

制作方法

◎ 先把清水煮沸，溶解白糖，晾凉备用。

◎ 低筋面粉筛过开面窝，中间放入糖水、食粉、生油，反复揉搓成软面团，放置约20分钟。

◎ 把面团切件搓成圆球状，微微湿水再粘上芝麻，然后搓成重约6钱（30克）的小圆球。

◎ 把锅先烧热下油，当油温至150℃时下锅保持中低油温，待球浮上油面时，用中低火130℃。当接近油的一面裂开口并着淡黄色时把球翻转，裂口向上，开始把油温升至160℃。当体积膨胀到大约3倍后定型，再把油温迅速提升至180℃起锅。

◎ 从煮沸糖水、筛面粉、搓叠成形、下锅、使用“中低—中—高”油温，每一环节的工作都要做好。没有一定的功底或不细心专注则无法完成。

制作关键

（1）糖水用多少要看面粉干湿度。总之，标准是球搓芝麻后能成球形浮起，以不下坠为好。

（2）要严格控制火候，中途火旺即端离火位。

（3）严格称准食粉和生油，稍多便会使成品全部松散，油温过低也会导致全部松散。

（4）每锅不能放球过多，原则是膨胀后能相互分离。熟后的皮外呈金黄色，心呈淡黄色，以鸡肾形为合格。

羊奶挞

羊奶撻兒奇味滋
香酥細膩賽楊枝
品嘗過後家常記
念幼感恩跪乳時

羊奶挞～感恩

何世晃并书

【诗意】

羊奶挞酥香味浓，滋味无穷，品尝后令人想起古语『羊有跪乳之恩』，常常铭记父母养育之恩。

【注 释】

杨枝：杨柳的枝条。

诗赏析

作者以极其自然纯朴的语言，抒发出心中蓄积已久的情感，子欲养而亲不待，其情真，其意切，品尝羊奶挞而感念父母养育之恩，令人感动。

传统奶挞是以牛奶为主制成的，而羊奶挞是创新品种，滋味奇美，香酥细腻似杨枝甘露。

奶挞是以鲜牛奶为主要原料制成的品种，它比鸡蛋挞的制作工艺要复杂，稍不注意就会整个塌陷。而羊奶挞更是奶挞中的精品，由于其身价昂贵（比鲜牛奶贵几倍），且营养成分佳，香而绝无膻味，用羊奶取代牛奶制挞皮酥松，馅飘香，堪称一流。

用料配方

擗酥皮9两（450克）、鲜羊奶1斤（500克）、白糖4两（200克）、粟粉5钱（25克）、鸡蛋清2两（100克）、白醋1钱（5克）

制作方法

◎ 羊奶挞酥皮的制作方法同千层酥皮。用千层酥皮印成小圆件［每件约3钱（15克）］，分别在三号菊盏内捏成窝形，用指头把底部压实备用（先置于冰柜半小时让其松筋）。

◎ 鲜羊奶加入白糖煮热至白糖溶解，倒出一半加入粟粉，隔水煮至糊状奶浆。

◎ 把其余未煮鲜羊奶糖水加入鸡蛋白、白醋拌匀，之后再同煮过的奶浆混合拌匀便成羊奶浆。

◎ 把羊奶浆灌进捏好的皮盏内，用280℃以上底火、200℃面火烤至表面凝固，面加盖再烤至底面熟透出炉。成品以出炉不塌陷、色泽光亮如镜、皮酥、馅嫩滑为佳。

制作关键

（1）煮鲜羊奶切忌大沸，否则奶脂浮面，奶味尽失。

（2）用千层酥皮做奶挞底皮，宜多开一次，使成品更酥化，酥皮不至于膨胀到使奶流出盏外。

春卷

春卷～尝春來

貌不驚人體態呆

四季咸宜豈春來

偶嘗頻感瑶池降

舉筷不停口頻開

何世晃並書

【诗意】

春卷的形状既有些长方，又有些扁圆，当你品尝后才能发现其优点。春卷香脆甘美，令食客频频举筷，爱不停口。

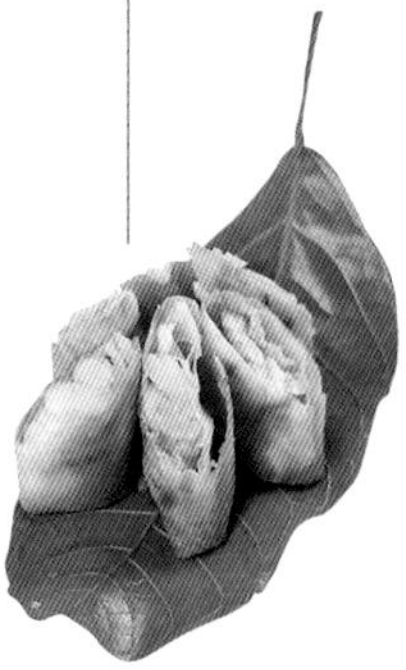

诗赏析

本诗寥寥几笔，即写出了春卷的形态与品质，令人联想到春卷的甘香酥脆，诱人食欲。此诗朴素，自然，真切。

可以说春卷是一个风行全世界的美点，无论你走到哪个国家，都有春卷供应，此点深受人们喜爱。春卷是油炸食品，皮脆馅香。广式春卷最近又增加了甜春卷，另有一番风味。

用料配方

高筋面粉1斤（500克）、精盐2.5钱（12.5克）、清水1.2斤（600克）

制作方法

◎ 把高筋面粉过筛，和精盐一起放入盆内，慢慢加入清水，一边加水一边和面，直到清水用尽，面团能起大筋，用手能提起。

◎ 用慢火烧热平底锅，用纱布抹上少许生油，用手提着面团，让热锅把面团粘住，并轻轻转一下，画出直径不超过20厘米的圆，提起面团，锅内的薄面皮熟后离锅，便成春卷皮（薄饼皮）。春卷以每斤面粉开40块皮为宜。

◎ 常规熟馅（参见附录一）1斤（500克），加入炸芋头丝0.5斤（250克）或炸马铃薯丝0.5斤（250克），韭黄1两（50克），拌匀即可。

◎ 一块春卷皮包上5钱（25克）馅，卷成约12厘米长的圆筒状，用中上火，170～180℃油温炸至金黄色即可起锅。

制作关键

（1）包春卷时，不能卷得过实，如果卷得过实，油难以渗到中间，皮会炸不透，导致外皮脆，内皮软。

（2）一般熟馅加入约半斤芋头丝等物料后不再加芡，因为春卷皮薄，不受味，等馅身水分干了后再炸，味道更好。

（3）先用中油温炸至春卷硬身起锅。稍后再用中上火回油翻炸至金黄色，加大火起锅，春卷便能耐脆，不易回软。

现在制作春卷普遍使用油皮，其优点是易存放，缺点是容易回软。

鲜虾煎薄饼

这是一种已接近失传的名点，薄饼的皮与春卷面皮类似。薄饼馅用料比例是：虾肉20%，鸡丝30%，湿冬菇丝10%，绿豆芽20%，韭黄20%。用常规熟馅法炒熟，晾凉后加入韭黄拌匀。在包制方法上，春卷是圆形的，薄饼是长方扁形的，其加温方法是半煎炸，与煎粉果类似。

蛋球

蛋球～碩漢

輕搖細火小金球
巧弄勤耕顛盡頭
轉瞬化身健碩漢
雪花洒滿競風流

何世晃茲書

【诗意】

做蛋球要掌握好火候，只有精湛熟练的烹技才能做出佳品；其色泽金黄，体绵软，在表面撒上一层细滑糖粉（雪花），口感更是一流。

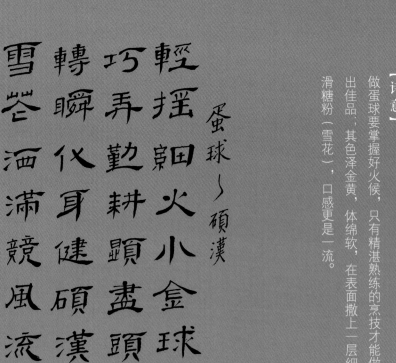

诗赏析

此诗将甜点蛋球刻画得细致入微，经细心操作蛋球，从细小金球状转眼间变成了『健硕男子汉』，诗人用夸张手法渲染蛋球熟后之美态。技术纯熟，成品香软可口，加上糖粉更为一流。

全诗简练而意味无穷，妙！

蛋球清香纯软、油而不腻，其本身黏度大，通过慢火浸炸，体积迅速扩大，空心柔软，含油少，食时不感油腻，深受人们喜爱。

用料配方

澄面粉1斤（500克）、猪油1两（50克）、清水1.2斤（600克）、净鸡蛋约1.8斤（900克）、糖粉5两（250克）、炼奶适量

制作方法

◎ 澄面粉筛过备用。

◎ 把清水、猪油煮沸倒入澄面粉中拌匀至熟透，制作过程和泡芙（见本书“泡芙”）一样，泡芙是烘烤，蛋球是用慢火油炸。澄面团熟后分多次加入蛋液，以挤出的球呈圆形、不走样下垂为合适。

◎ 用植物油烧热至100℃下锅。下锅前最好先在馅碟中放入暖油，把蛋球挤进暖油碟上，积累到一定数量再一起放进油锅。蛋球不应过大或过小，一般每个5～6钱（25～30克）为宜。浸炸过程中油温应一直保持在120℃左右。

◎ 当球体膨胀到近4倍时，用筷子“拷打”蛋球，使其呈硬实状，便可加大油温至160℃，约1分钟便可起锅。

◎ 起锅后迅速倒进已放有糖粉的盆中摇动，使其表面粘上糖粉。

◎ 亦可用剪刀将蛋球中间剪开口加入奶黄，或配上炼奶上席。

制作关键

（1）油下锅后应用铲慢慢地、不停地搅动，让其自身受热不断自转。

（2）待球身基本熟时加大油温，使其产生爆发力，体积增加而不含油，使其尽量定型，这一步极为关键。

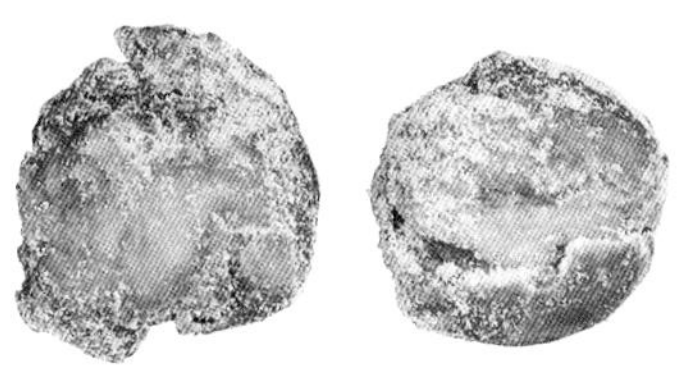

戟

【诗意】

『戟』为西式饼食之一，牛油乳香和干果相配合，加上白兰地酒香，成为有特色且受欢迎的西点。

戟～情隆

戟名西點豐腴甘
全蛋油黄乳品濃
嘗罷尤饞興未盡
酒香微洒更情隆

诗赏析

本诗简单四句刻画出西点佳品『戟』的特点与风味。『戟』是西式重油蛋糕系列中的一款，配上多种原料后风味各异，牛油的香浓，干果的甘香，白兰地的酒香……使你品尝后意犹未尽，欲罢不能。全诗形容得当，写法别致，突出主题。

用料配方

牛油1斤（500克）、白糖1斤（500克）、净鸡蛋1斤（500克）、低筋面粉1.2斤（600克）

制作方法

◎ 制作牛油戟的戟底。先把牛油与白糖拌打至起发，然后分多次把鸡蛋加入牛油中，即边拌边加入净鸡蛋，搅拌至糖粒全部溶化，再放入低筋面粉轻快拌匀，便成牛油戟面浆。

◎ 放面浆的盘底部要先抹上薄油，撒粉底，或先放纸垫底后涂薄油，用底火（190℃）稍猛于面火（180℃）烤熟。

◎ 若制作什果牛油戟，在做好戟底后可适量加入提子干、糖、蜜饯、柠皮、糖橘饼、苹果干、干姜粒，拌入前用少量优质酒搅拌，干果碎拌酒后加入适量干面粉混合再拌入，使戟浆熟后干果不脱落。

◎ 牛油戟浆如采用焓的方法便成另一种风味截然不同的食品（详见附录二焓人头布丁说明）。

制作关键

无论是用手打戟浆或是用机器打戟浆，都应分多次投入鸡蛋，让空气透入浆内，因为戟无须用疏松剂起发膨胀，而是靠黄油黏液与蛋液混合搅拌时气体混入引致疏松，所以搅拌适度，戟成品才会显松软并起微孔浮身（充满空气而膨胀），否则便会过度浮起或硬实。

油条

南宋時期炸檜名
棺頭瓜絡耳倍輕
東西南北不同好
綿軟脆甘任品評

油条～不同好

何世晃並書

【诗意】此品始创于南宋。广式油条的规范标准是：棺材头，中间丝瓜络状，皮香脆心绵软。

【注释】棺头：木材制的棺材头高而凸。
瓜络：丝瓜干后中间只有络纹，起圈状。

诗赏析

作者语句简练，意味无穷，将油条（油炸鬼）刻画得入木三分，短短数句，将其精髓全盘托出，妙！油条制作看似简单，但需技术娴熟方可达到传统标准：棺材头，瓜络心，色均匀，脆软兼备。

此诗诗意明晰动人，文笔潇洒自如，出神入化。

油条是一个古老的传统品种，遍及全国各地。传说油条是宋朝因秦桧害死大忠臣岳飞父子，世人对秦桧恨之入骨，以粘连的两块面条而炸之，其意是炸秦桧夫妇以泄愤。八国联军侵华后，又有了“炸番鬼佬”之说。“炸鬼”一词一直沿用至中华人民共和国成立，后才改称为油条。

用料配方

高筋面粉7.5两（375克）、低筋面粉2.5两（125克）、生油6.5钱（32.5克）、稀面种1.25两（62.5克）、泡打粉1.8钱（9克）、食粉4分（2克）、臭粉4分（2克）、精盐2钱（10克）、鸡蛋清1份、清水7两（350克）

制作方法

◎ 把上述所有原料揉匀拌透，一般是前一天晚上搓皮，第二天天亮炸面。早上起床后把软面团三次折叠后再放置半小时以上便可切条、浸炸。

◎ 切条以稍短阔身为度，用约160℃油温炸至黄色，稍稍硬挺便起锅。

◎ 如即点即炸也可把油条炸至微金黄色，下单时重新炸一次更佳，也可揉好后放冷柜冷藏，解冻后才切条、浸炸，若室温超过30℃，则宜放于5℃冷柜内保存。

制作关键

油条因各民族爱好、风味、地域不同而各具特色，人们有喜欢软中带韧的，有爱绵软的，有爱松脆的，而广式油条有明显的要求和特征：棺材头、丝瓜络心，条宽而身略短，身轻含油少，皮稍脆，内软而不韧，色泽呈金黄。

广式油条不下百种，有些商家为求油条体积大、色亮而掺入了有损健康的化工原料，在购买时千万要注意。

礼饼

禮餅～喜事

嫁娶迎門喜事多
前人風俗已難磨
紅黃綾白爽糖配
從簡保留誰説苛

何世尧敬书

【注释】

难磨：难以磨灭。

绫：其寓意是嫁娶接纳的各色礼饼，代表绫、罗、绸、缎之意，绫是各种贵布之首。

【诗意】

礼饼是男女结婚迎门喜事派送的礼品，礼饼分红绫、黄绫、白绫三款。前人形成的风俗今天已稍淡薄了，但从简地保留并不算太苛刻。

诗赏析

诗中将礼饼的历史沿袭做旁述。礼饼在民间被称为『龙凤礼饼』，是嫁娶喜事的手信，亦谓之『嫁女饼』，分红、白、黄三种颜色。而馅料亦有莲蓉、豆沙、爽糖之别。诗中的第二句道出今天年轻人嫁娶时渐渐淡忘了送礼饼给亲友，但这一风俗难以灭失。最后一句作者以导向的口吻结尾，不用太过铺张，简简单单送半打『龙凤礼饼』并不苛刻。

此诗真实生动，语句精练，道出作者对礼饼的钟爱之情。

礼饼的用料配方和制作

制作配方和操作方法详见“水油酥”。

素负盛名的结婚礼饼有：红绫（莲蓉馅）、黄绫（豆沙馅）、白绫（五仁馅）、爽糖（膏酥馅）、烙面（豆沙馅）。

水油酥皮分白面和烙面两种，白面是搓皮时不加入白糖，使酥烤熟后其色纯净，还原本色而表皮不焦化。所以，红、白、黄绫酥是不带糖搓皮，而水油酥烙面是加糖的。

红绫酥：酥皮在搓水皮时加入微量食用桃红色素，然后才包酥心。

黄绫酥：酥皮在搓水皮时加入适量食用橙黄色素后才包酥心。

白绫酥：爽糖酥在搓水皮时不加入白糖，成品熟后色泽更洁白。

烤礼饼火候与烤一般水油酥不同，底火要偏大，保持200℃底火。面火要先用180℃入炉，当成品表面烤至膨胀定型后，改用160℃烤至扑面（即酥皮松离而未离饼）熟透出炉。

真正的龙凤礼饼是用糖浆皮（即广式月饼皮）包上偏软的麻蓉馅等，用龙或凤的饼模印出，熟后呈龙凤状，但此饼甚少送给亲友，只用作男、女家回礼之物，有“龙凤呈祥”之意。

【诗意】

有盖的叫批，无盖的称挞；不论中点西点，只要是珍品都受欢迎；批的色、香、味、形俱全，是点心中的精品。

批

含蓋為批撻蓋擠
品珍何論分中西
色香型味均俱備
功細定能金榜題

西点～批～含蓋

何世堯並書

【注释】

金榜：科举时代殿试揭晓的榜。

诗赏析

此诗前两句以精练文笔讲述批在点心中的含义。批与挞的区分在于有盖与无盖。如无盖的椰挞、蛋挞、奶挞，且有中、西式之分。后两句指出批的色、香、味、形、养俱全。

这是一首励志好诗，一个点心品种，达到了五项要求就能取得佳绩。人只要努力发奋向上，定能收获良好的成绩。

挞的成品馅露表面，如蛋挞、椰挞、水果挞、奶挞等，而批表面是盖皮的，大至葡国鸡批、忌廉批，小至虾批、鸡批、苹果批等。挞是单个食用，而批则可切开分食。

其实，批和挞均是西点日常品种，一般挞体形较小，而批可大可小，融入粤点后批的内涵更广，品种区域更宽，可自由按此理念开拓。

而批皮用料也较为广泛，如千层酥皮、拿酥皮、松酥皮、蛋泡皮、水油皮等。

用料配方

❶ 皮的用料配方

低筋面粉1斤（500克）、黄油4.5两（225克）、糖粉2两（100克）、净蛋黄2两（100克）

❷ 馅（以栗子鸡批为例）的用料配方

鲜栗子2两（100克）、鸡肉2两（100克）、普通熟片馅6两（300克）

制作方法

皮的制作方法

备好上述原料，筛过低筋面粉开大窝，把黄油、糖粉、净蛋黄揉至全部浮身，也可用蛋糕机打拌至浮身，再放进低筋面粉，轻手叠匀便成拿酥皮。

馅的制作方法

把鲜栗肉蒸熟去衣切粒，取少量生粉用开水拌匀后泡油，加入少量调味料，并与熟馅一起搅匀，便成批馅（馅芡不宜大）。

成型

◎ 将约4钱（20克）的拿酥皮在平底小批盏上压平后，放入栗子鸡馅4钱（20克），再用4钱（20克）拿酥皮压薄，铺上批馅并把合口处捏合，成为批坯，坯表面可用花车（一种用料工具）印上圆形图案等。

◎ 把成品涂上鸡蛋液，用约180℃中火烘熟出炉。约烘15分钟，其品质要求松化，可口。

◎ 此皮不宜多搓，只能轻手折叠，否则影响松化。

◎ 批的皮馅变化甚广，以上仅举一例。

【诗意】

鸡仔饼创于成珠楼。成珠楼为百年老店，经历了历史沧桑，现已歇业，名楼远去矣，但代代相传的鸡仔饼制作技巧依然存在。

鸡仔饼

鷄仔餅～夏何求

遠超百歲成珠樓
歷盡滄桑春與秋
遠去名樓餅尚在
揚名中外夏何求

何世晃并书

【注释】

远超：远远超过。

诗赏析

作者在诗中讲述鸡仔饼的历史渊源，但可惜的是百年名楼成珠楼在大浪淘沙中关门停业，作者慨叹：扬名四海的鸡仔饼能续创辉煌，成珠楼就算关了门也没有什么遗憾了。

作者写得现实、生动、亲切、感人，抒发出心中蓄积的感慨和对名点的赞誉，诉尽心中之情，好诗。

鸡仔饼的称谓由来：由于饼熟后像小鸡蹲着似的而得名。成珠楼认为此名欠雅，后来改称小凤饼，而绝大多数人仍以鸡仔饼称呼。

用料配方

❶馅的用料配方

生肥肉粒1斤（500克）、白糖1斤（500克）、蒜蓉5钱（25克）、南乳1两（50克）、精盐3.5钱（17.5克）、五香粉1.5钱（7.5克）、胡椒粉1.5钱（7.5克）、食用油2两（100克）、鸡精1.5钱（7.5克）、味精1钱（5克）、曲酒3钱（15克）、花生碎2两（100克）、核桃2两（100克）、榄仁2两（100克）、梅菜心3两（150克）

注：花生碎、核桃、榄仁可按不同需要加入其中一款。

❷皮的用料配方

低筋面粉1斤（500克）、白糖3两（150克）、麦芽糖5两（250克）、食粉5分（2.5克）、臭粉5分（2.5克）、生油2.5两（125克）、枧水3钱（15克）

制作方法

◎ 搓皮。把低筋面粉开窝放进白糖、麦芽糖、枧水、食粉、臭粉，全部揉至白糖溶解后加入生油和低筋面粉成软面团，放置1小时（主要是使低筋面粉与其他原料相互渗透）。

◎ 馅料。先把生肥肉粒用曲酒腌渍3小时以上，再把其他馅料全部混合，最后加入尾油，馅拌匀后要经过近2小时放置才可制作。

◎ 两成皮包入八成馅。可个别包，也可把皮开成长薄皮后包入馅卷成筒形，然后切成小件，用手压成锥形上盘，抹蛋液入炉，用约180℃中火烤至金黄色微硬便可出炉。

注意：以上制作方法对传统制作方法进行了改良，风味更佳。长时间放置要密封防止受潮。

鸡仔饼的特点：皮薄，馅味独特，丰腴甘香，可茶可酒。

马拉糕

馬來糕易工難精
細膩香甜連譽聲
融滙中西成壹體
魂牽常系梦中情

馬拉糕～夢中情

何去晃竝書

【诗意】

马拉糕制作技术易学难精，其品质香甜细腻。在制作中枧水要适量，马拉糕是中西用料结合的点心，品尝后令人难以忘怀。

诗赏析

作者在短短四句中将马拉糕的制作技巧与品质表述无遗。马拉糕香甜而细腻，作者梦中也经常回味，此糕是中西结合的糕中之王。制作时投放枧水要适宜，不要过量。马拉糕融会中西糕点的特长，美味可口，得到宾客的赞同。

此诗诗风流利健朗，文笔细腻。寥寥四句将作者对马拉糕的赞叹之情表露无遗。

马拉糕在粤点中有七八十年的历史，据传由马来西亚华人传入。

马拉糕制作方法独特，使用原料搭配合理，让人们食后确有齿颊留香之感，近期更加进了西餐原料，使成品更感清香顺滑，食而不腻，其味有“自天外来”之感。要做好马拉糕除了要有好配方，还要求制作时工艺精细，否则很难达到理想效果。

用料配方

老面种1两（50克）、发面种1斤（500克）、白糖1.2斤（600克）、净鸡蛋2斤（1 000克）、奶粉2两（100克）、吉士粉2两（100克）、牛油香粉3钱（15克）、枧水1两（50克）、泡打粉4钱（20克）、生油或鸡油5两（250克）、低筋面粉4两（200克）、三花奶3两（150克）

制作方法

◎ 提前一天用老面种1两（50克）、低筋面粉1斤（500克）、清水5两（250克），制成发面种。

◎ 用发面种1斤（500克），把上述原料中的白糖、净鸡蛋、奶粉、吉士粉、牛油香粉全部拌匀揉透，让其发酵8～10小时，后加入枧水、生油或鸡油、低筋面粉再拌匀揉透，将其放置发酵约半小时便可蒸糕。

◎ 蒸糕宜用油纸或白纸抹上生油或鸡油垫底，以九寸方格套在蒸笼上，用中旺火蒸约25分钟，以糕中央不黏为熟。

制作关键

（1）蒸糕时倒糕浆下笼后，过2～3分钟再加盖，让浆稍微下坠，熟后表面呈麒麟面，色泽以浅金黄色并微带枧香为佳。

（2）下枧水视面种老嫩而稍加减。发酵时间视天气变化而调节。

西河酥

西河本是一師名
獨特芬香且品精
師命酥稱殊可賛
辛勤定就晚功成

西河酥之晚功

何世晃題书

【诗意】

美点西河酥是名师西河的代表作，由于其辛勤钻研，而使成品酥香可口，独树一帜，行内以其名字来命名。

诗赏析

此诗讲述西河酥的由来，诗中道出西河酥为点心精品，作者在诗中更悟出一个道理：晚辈应勤奋敬业，虚心好学。用点心师名字来命名难能可贵，道出了『勤有功』的真谛！

全诗体现出其情真，其意切，令人感动、感慨、感恩。此诗结构严谨，对仗工整。

西河酥是一种比较另类的中式酥皮点心，其貌不扬，但风味比其他酥更突出，因酥皮在制作过程中加入了猪油、网油、蒜蓉，加温烤制时由于受到高温辐射作用，网油、猪油油脂可同蒜蓉混合，产生一种强烈的香气，使酥皮特别松香且回味无穷，此酥类今后适宜发掘并大力推广。

用料配方

❶ 皮的用料配方

低筋面粉1斤（500克）、白糖粉1.5两（75克）、猪油2两（100克）、网油2两（100克）、净鸡蛋2两（100克）、泡打粉2.5钱（12.5克）、蒜蓉3钱（15克）、精盐1钱（5克）、鸡粉5分（2.5克）、胡椒粉3分（1.5克）

❷ 馅心的用料配方

也可以配叉烧馅、鲜虾肉粒馅、菇菌类咸熟馅。

制作方法

皮的制作方法

◎ 蒜头剁烂成蓉炸香，猪油、网油剁或打烂成蓉，备用。

◎ 将低筋面粉开面窝后，放入净鸡蛋、白糖粉、猪油揉至起发，最后加入网油蓉、调味料、少量清水在窝中再拌透加入低筋面粉，并用折叠方式叠成面团，便成西河酥皮。

成型

可像批皮一样，用小平底盏放进开薄西河酥皮，中间随意放进各式咸熟馅，面上将西河酥皮盖上，整好型后加上各式图案或用花车车成井形或圆形，小叶形也可，再抹薄蛋液在面上，用180℃炉温烤，若小批则烘烤时间约20分钟便熟，此皮切忌过多揉搓，否则起筋会影响松化。

甘露酥

名來甘露不求尋
日漸式微已失真
重疊高脂難利體
良方妙改可新生

甘露酥～失真

何世晃並书

【注释】

式微：程式陈旧过时。

【诗意】

甘露酥是传统美点的一种，为何称甘露酥则无从考究，至今已日渐式微了。因为此酥油重，加上蛋黄，过于肥浓，若在配料上改革可有市场。

诗赏析

甘露酥在食肆中已日渐少见，究竟何因，在作者的诗中已有答案，就是该酥油重，加上蛋黄腻口，在注重清淡、提倡保健养生的今天已不能满足人们的需求了，但作者指出，如能在配料上加以改进，还是大有作为的。全诗语言质朴真实，明晰动人，通俗易懂且不落俗套。

甘露酥是中式饼点中有着悠久历史的一个品种。据传在三国时期，刘备过东江，在甘露寺招亲，受到该寺僧人款待，其中一道饼点便是今天的甘露酥。甘露酥原是出自甘露寺的一道素食糕点，但随着历史的演变，成为一道油重、糖重的点心。20世纪30年代，甘露酥成为无可替代的酥食名点。随着人们对饮食健康的重视，油重、糖重、馅心莲蓉、含高脂肪蛋黄的甘露酥食后过分油腻，因此慢慢不被人们推崇。为了保护此品种，现将原配方进行改良。

用料配方

低筋面粉1斤（500克）、白糖4两（200克）、调和油2两（100克）、鸡油2两（100克）、净鸡蛋2两（100克）、泡打粉2钱（10克）、臭粉3分（1.5克）、食粉3分（1.5克）

制作方法

◎ 将低筋面粉开面窝，放入全部甘露酥皮原料，轻手拌匀，压叠，制成改良甘露酥皮。

◎ 按每个酥饼皮7钱（35克）、馅3钱（15克），咸甜均可，甜馅可用莲蓉、豆沙、椰蓉、百合蓉，咸馅可用叉烧、鲜虾、八珍熟馅，包成半球状，抹上蛋黄入炉，用约170℃底面火烘烤约15分钟便熟。

制作关键

操作过程只能小心折叠，否则会起筋、硬实且不松化。

杏仁饼

名餅中山出杏仁
杏香調粉夾冰心
爐溫慢焙心宜細
功記舊時創始人

杏仁餅～慢焙

何其晃拉书

【诗意】

咀香园的杏仁饼是中山市的名牌食品，以杏仁与绿豆磨粉，中间以冰肉夹心焙烤而成，火候以温火为宜。作者提醒人们在品尝杏仁饼时要对研制的师傅致以敬意！

【注释】

焙：与烤不同，焙的用料是熟的，只焙干水分。

诗赏析

短短四句诗将杏仁饼的产地、配料、工艺的精髓点明，不仅有对名点的歌颂，还有对创始人的感佩，而这些都与作者高深的文学造诣密切相关。杏仁饼出自中山，杏仁、绿豆、冰肉夹心，优质的食材通过焙的方式制作而成，即使是再挑剔的食客也会被其吸引。

诗句文笔自然，咏物寄情，具有无穷的韵味，好诗！

杏仁饼由中山咀香园创制，已有近百年历史，冰肉夹心的杏仁饼更是甘香酥松，而绿豆粉与杏仁碎末混合其中，风味更是难以形容。尝后齿颊留香，久难忘怀。

用料配方

干绿豆粉1斤（500克）、细白糖1.3斤（650克）、去衣南杏仁1.5两（75克）、猪油4两（200克）、榄仁1两（50克）、清水7～8钱（35～40克）、肥肉头1.5两（75克）、曲酒1钱（5克）

制作方法

◎ 把去衣南杏仁洗净烘透，和烘过的榄仁一同打碎成粗粉状备用。

◎ 肥肉头切成薄片，用沸水浸熟，沥干水分，并用曲酒、细白糖腌制两天以上，切成小粒。

◎ 将杏仁碎、榄仁碎、细白糖拌匀后拌入猪油，一边加清水，一边拌匀，然后加入干绿豆粉一起拌匀，揉透，成为半干湿粉团。

◎ 把粉团分别灌入饼模内，中间放入一粒冰肉，压平、刮平、打饼、击模，放于备好的疏孔竹筛上，在木架上分层排放竹筛。

◎ 推至炭房烘焙，让炭房炉温慢慢烘干饼内的水分，待饼表面略带淡黄，手拿起饼凝固而不松散，出炭房后冷却，便可进行包装。

制作关键

（1）炭房温度保持在60℃。

（2）以炭火烧尽，饼身干而凝固，出炉仍留炭香味者为佳。

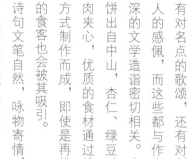

【诗意】

千层酥像一本厚书那样层次分明，此酥形状、馅料的变化不下百种，且酥化可口，在西式点心中出类拔萃。

千层酥

華章開卷逢千層
全賴油脂張力伸
百變款多酥且化
精英行列傲同群

千層酥～傲群

何世晃題書

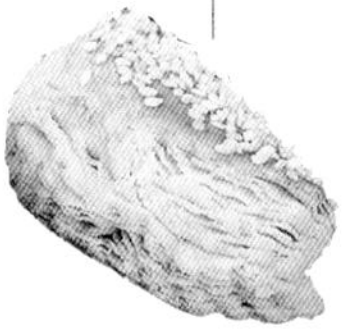

诗赏析

此诗格调明快，简练、准确、情景交融，使读者领悟千层酥的美味，仅四句就能概括出千层酥的奥妙，不能不令人敬佩作者的文采！

千层酥又称掰酥，是西点中较高档和常用的酥种之一，其利用带韧性油脂和面粉水皮混合，皮层经合理折叠，并使油脂受热溶解，呈表面张力，达到层与层之间分离托起而至疏松膨胀。千层酥外形美观，松化可口，品种变化多样，在西点酥类中有着举足轻重的地位，与中式水油酥皮有异曲同工之妙。

用料配方

黄牛油5两（250克）、猪板油5两（250克）、中筋面粉1斤（500克）、净鸡蛋1.5两（75克）、白糖5钱（25克）、清水3两（150克）

制作方法

◎ 用中筋面粉5两（250克）加入黄牛油、猪板油各5两（250克），揉叠匀后放进酥盘一边成油心。

◎ 把剩下的中筋面粉加入白糖、净鸡蛋、清水揉匀成水皮放进酥盘另一边。用保鲜膜盖好，放入冰柜冻至油心变硬实（约1小时）。

◎ 取出硬实油心放在案台上，用通槌开成“日”字形。水皮同样开成“日”字形盖在油心面上，两端向中间对折（成四层），再重复以上方法两次（行内称“折三个四”），放回冰柜冷冻约30分钟便成千层酥皮。

注意：

◎ 整个开酥过程要用少量粉心作陪，使之不粘台、不粘手。

◎ 开酥要手轻，力度均匀，开后厚薄平整一致再对折，不能使用过多粉心，否则成品会欠酥化。

◎ 要求更酥化可多开一次四层（即“四个四”），但美观效果不佳。

◎ 揉酥皮：可全用黄牛油，或与白奶油对半，但猪板油的油脂韧性佳，用之层次更分明。

◎ 成型。将冷柜内开好的酥皮取出，开薄到约5毫米厚，用锋利刀切块包上各式咸甜馅便成各式掰酥，品种成形后在表面轻轻涂抹蛋液入炉，先用旺火250℃以上烤至着色定型，再用慢火160℃烤熟。

制作关键

（1）开酥要四角对称，否则泻油（面团因揉得过多致使油溢出表面）不起发。

（2）抹蛋液时不能沾到切口边缘，否则会不起发。

（3）此酥又名雪酥，所以整个制作过程要通过冷柜反复冷藏，否则难以成形。

回族油香

回族慶典必油香
型大如盆亮帯芳
教餅歸為粵點列
化成嬌小更端庄

回教油香餅～化小

何世尧竝书

【诗意】

回族油香是回族的清真名点，形状如圆盆状，光亮中带芳香。将其移植入粤点后，形状更加娇小。

诗赏析

前两句说出回族油香是回族庆典的必备礼饼，道出了回族油香的外形与品质；后两句说明粤点中的回族油香是经改良而成的，更好地体现了粤点兼收并蓄、有容乃大之风格。

全诗文笔简洁，衬托美妙，前后对应。

回族在逢年过节或喜庆团聚时，均制作回族油香以示庆祝，回族油香个头很大（形大如盆），一般是全家切食分享，其特点是色泽金黄、甘酥、甜润、松化，食后回味无穷，由于风味独特，各大茶楼、食肆纷纷引入，由大化小，制作供应。

用料配方

低筋面粉1斤（500克）、白糖5两（250克）、食粉6分（3克）、净鸡蛋1.5两（7.5克）、泡打粉1.5钱（7.5克）、生油8钱（40克）、清水3.5两（175克）

制作方法

◎ 用沸水溶解白糖后晾凉，加入食粉混合溶解 。

◎ 将低筋面粉过筛开面窝，加入净鸡蛋、生油、白糖、清水，拌匀折叠成软面团。

◎ 放置20分钟让面团和糖水互相渗透，分成每件1两（50克），压成扁形，用150℃油温浸炸至两面金黄色，加大油温起锅。整个浸炸时间掌握在约2.5分钟即可。

制作关键

（1）根据面粉的干湿而增减水量。

（2）千万不要用旺火浸炸。

（3）揉皮只能用折叠手法，否则会起筋欠松化。

（4）严格掌握好疏松剂投放的量，掌握不好则成品会全部松散。

（5）品质以松化，底有微裂纹，外金黄，内淡黄，外酥内甘，甘酥可口，为合格。

锚沙角

命名奇異喚錨沙
小角熟時身滿疤
欖細酥香吏及衰
仿如落地滿沾沙

錨沙角／酥香

何世堯題書

【诗意】

锚沙角的名字很奇特，因全身布满疤痕而得名。口感酥香松化。

【注释】

锚：船停泊时所用工具，船舶停顿，必须抛锚，以固船身。

诗赏析

全诗道出锚沙角怪名的由来和外形特点，笔出自然，构思新颖，刻画细致，耐人寻味。

锚沙角可以说是抽象命名，因角熟后很像海中捞起的沾满海沙的锚而得名。锚沙角因有榄肉蓉混合故又有榄蓉角之称。此角特点：有榄肉蓉香味且松化可口，外形如微小蜂巢，凹凸不平，色泽金黄，亮丽美观。

用料配方

低筋面粉1斤（500克）、猪油2.5两（125克）、榄肉3两（150克）、精盐2钱（10克）、白糖5钱（25克）、食粉3分（1.5克）、清水1.3斤（650克）

制作方法

制角皮

◎ 把榄肉漂洗干净，入烤炉用慢火烤至淡黄色，冷却后切成细粒榄肉蓉备用。

◎ 用猪油慢火炒低筋面粉，徐徐加入清水至面粉熟后冒出气泡，出锅，待稍冷却后加入榄肉蓉、白糖、精盐、食粉拌匀，便成锚沙皮。

制角

用锚沙皮约6钱（30克）包上馅3钱（15克），捏成角形。

炸角

把包好的角放进笊篱排好，在约170℃油温下浸炸约1.5分钟，便可加大油温至180℃起锅。

制作关键

严格掌握油温，火过大油温高易焦黑，成品会硬实不松化；油温低，成品容易松散不成形。食粉稍多也会令成品松散。

咸、甜马蹄糕

马蹄糕～缘广

荸薺粵名喚馬蹄
晶瑩透爽出污泥
粉成多變結緣廣
始祖泮塘奪榜題

何世晃书

【注释】荸荠：南方叫马蹄，北方叫荸荠，又叫乌芋。

【诗意】马蹄其实名叫荸荠。以马蹄粉制作出的各种美点中，马蹄糕是家喻户晓的美食，更是老少皆宜的佳品。

诗赏析

马蹄是广州泮塘五秀之一，以马蹄磨成的粉，更是岭南点心之上佳原料。诗中作者点明了马蹄糕之制法。马蹄糕系列名点可谓五花八门，成为粤点中最受欢迎的点心之一。

全诗笔触自然，格调明快，通俗易懂，主题突出。

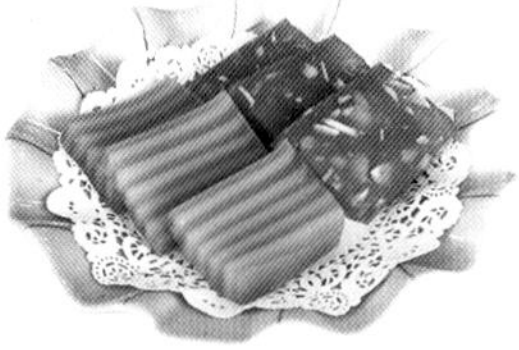

过去广州市郊泮塘以盛产五秀闻名，其中之一就是马蹄。马蹄有两大类：一种叫桂林马蹄，属于果马蹄，其糖分多、淀粉少；而另一种是水马蹄，其皮色黑、量重、含淀粉多，是制作马蹄粉的上乘原料。

广式马蹄糕以其含水量高，熟后透亮清爽，韧而不黏口、爽脆而不易折断而闻名，可加入各式配料制成咸、甜风味各异的马蹄糕。

用料配方

❶ 咸马蹄糕的用料配方

靓马蹄粉1斤（500克）、清水5斤（2 500克）、汤皇1两（50克）、木耳5两（250克）、胡萝卜5两（250克）、虾米2两（100克）、马蹄肉5两（250克）、鸡精1钱（5克）、味精1钱（5克）、白糖1.5两（75克）、精盐5钱（25克）、胡椒粉5分（2.5克）

❷ 甜马蹄糕的用料配方

靓马蹄粉1.3斤（650克）、白糖2斤（1 000克）、清水6.5斤（3 250克）

制作方法

咸马蹄糕的制作方法

◎ 把木耳、胡萝卜洗净，切成细丝。虾米、马蹄肉切成小粒备用。

◎ 用总受水量的一半浸马蹄粉约半小时。

◎ 虾米用绍酒爆香，加入全部调味料、原材料煮沸即可。把开好的马蹄粉浆徐徐拌入呈稀糊状便可上盘蒸糕。

甜马蹄糕的制作方法

◎ 先把1斤（500克）白糖放进锅内，用慢火煮至金黄色，加入清水1斤（500克），煮成淡金黄色糖水备用。

◎ 把剩下的一半水浸泡马蹄粉半小时，使之成粉浆，把糖水煮沸后加入粉浆至稀糊状便可蒸糕，用中火蒸约20分钟便熟。

◎ 有了上述糕底可加入不同原料，如杭菊花叶、山楂水、枸杞子、芝士粉等，便可制成各种口味和式样的马蹄糕。

传统的马蹄糕是用红糖制作，通常具有蔗糖香味。但由于红糖含部分橘水分解粉质纤维而使马蹄糕缺乏透明感和爽度，在20世纪60年代经作者改用炒糖法，使马蹄糕更透明通爽，现已推广使用。

小笼包

名點南翔出小籠
粵人廣納点心中
稍添蔬菓均衡配
格調清新盡不同

小笼包～廣纳

何世晃並书

【诗意】

小笼包创于上海南翔地区，点心师们将其引进成为粤点，馅类现今已变化繁多，有清爽的，有浓郁的，风格各异。

诗赏析

诗中道出小笼包的『出生地』，通过馅料的更新，从沪点改良成粤点，体现出广式点心海纳百川、融会贯通、自成一格的传统。

小笼包在改革开放初传入广东各地酒楼食肆，由于蟹粉未能广泛使用，且价格昂贵，又因广东多为闷热天气，过多胶状汁液会使口感不爽，故近期在馅中加入适量蔬菜，如马蹄粒、胡萝卜粒、姜蓉等，以分解腻滞，更迎合粤人口味。

用料配方

高筋面粉1斤（500克）、净鸡蛋2两（100克）、清水2两（100克）、瘦肉5两（250克）、皮冻5两（250克）、马蹄肉1两（50克）、胡萝卜1两（50克）、湿冬菇5钱（25克）、姜蓉3钱（15克）、精盐1.2钱（6克）、白糖2钱（10克）、鸡精5分（2.5克）、味精5分（2.5克）、麻油1钱（5克）、胡椒粉3分（1.5克）、猪油5钱（25克）

制作方法

制皮

◎ 取1两（50克）高筋面粉加入1两（50克）沸水烫成熟面，冷却备用。

◎ 把剩下的高筋面粉开窝，加入净鸡蛋2两（100克）、清水2两（100克）、熟面2两（100克）揉至顺滑稍软面团备用。

拌馅

把瘦肉洗净沥干水后剁烂，加入精盐拌至起胶，再放入皮冻及其他原料、调味料拌匀后放入冰柜冷藏。

造型制包

把面皮分成每粒2钱（10克），用生粉做粉心，开薄后包入约6钱（30克）馅，按包叉烧包的方法折成多褶皱，并收紧包口，蒂要小。放入锡纸杯中，上蒸笼用猛火蒸约12分钟，至包身发胀便可。

皮冻制法

净猪皮1斤（500克），去皮毛、油脂，用慢火煮滚后取出，剁烂成蓉，加入适量猪细骨和清水2斤（1 000克），煮至猪皮烂，即猪皮蓉全部溶化于水中，晾凉后便成皮冻。

水晶饼

天際降臨一隕星
玲瓏剔透亮如晶
清香爽滑融成軆
從此餅兒得美名

水晶餅—亮晶

何世晃詩書

【诗意】
水晶饼玲珑通透亮晶晶，
口感爽滑、清香。

诗赏析

水晶饼在夏令季节常见，简称晶饼。诗中写出了其似天际亮晶晶的星星，道出了水晶饼口感的清爽。

全诗互相烘托，营造出一个主题，设喻贴切，作者用夸张的文笔，使诗作有声有色，不落俗套。

水晶饼由于能呈现酷似水晶一样的光泽而得名，它玲珑通透，滑中带爽，是春、夏、秋三季的美食佳品。

用料配方

靓澄面粉7两（350克）、靓生粉3两（150克）、开水1.8斤（900克）、白糖1.2斤（600克）、猪油3钱（15克）

注：馅为莲蓉、豆蓉、豆沙、椰蓉、奶黄等甜馅料。

制作方法

◎ 把澄面粉、生粉和匀，倒进沸水锅内，迅速搅拌均匀，端离火位，加盖焗片刻，倒出后，澄面粉稍晾凉加入白糖揉至白糖溶解，再加入猪油揉至顺滑。

◎ 用八成皮两成馅的比例加进各种甜馅，再用晶饼模印成饼。

◎ 用猛火蒸至饼面湿透，表层由白色变蜡色，放凉后便可。笼内大气上升后蒸3分钟便熟。熟则色通透，未熟则色暗哑。

制作关键

（1）选用靓生粉，水要充足，白糖稍多，这样才能达到通透的理想效果，水晶饼才会晶莹、透爽。

（2）为增加风味，在处理水晶饼皮时，可用山楂、杭菊花先煲水（去渣），再烫澄面粉或加入柠檬汁、浓缩橙汁、胡萝卜汁等煮成沸水来烫澄面粉，制成各种风味和色泽的水晶饼。

（3）水晶饼冷却后，在其表面抹上一层薄的熟生油，可使成品更光亮通透。

泡芙

泡芙～空心～

眼前展現小明燈
透薄衣安空腹心
何物内藏君自選
泡芙美譽頌傳今

何世晃題

【诗意】

泡芙是近代出现的西式糕点，皮薄中间空，馅料可灵活选用，是极受欢迎的点心。

【注释】

泡芙：是puff的音译，一种源自意大利的甜食。

诗赏析

诗中前两句展现出此品的形状和内涵，皮薄且圆圆的像小灯；后两句指出泡芙馅料的广泛性，是极受欢迎的点心。

全诗文笔细腻，主题明晰，对仗工整。

用料配方 中筋面粉1斤（500克）、净鸡蛋1.5斤（750克）、奶油5两（250克）、清水1斤（500克）

制作方法

◎ 中筋面粉（澄面粉也可）筛过备用。

◎ 用锅将清水和奶油一起煮沸，将中筋面粉倒入沸水中，边拌边煮成熟透了的面团，用盆装好或投入小型蛋糕机内，趁热将鸡蛋液分多次加入（约分10次），使面团与蛋液全部混合，并揉打至顺滑，即成蛋面软体半成品。

◎ 把烤盘抹上生油，撒点中筋面粉后把大牙花咀放入特制的布袋中，然后把蛋面团放入布袋内，挤在已拍粉的烤盘上，挤成球状下压并向上拉，也可挤成长条或方形，入炉用约170℃火烤至膨胀定型后改用150℃以下慢火吊透出炉。冷却后，用剪刀横腰剪开中部，加入不同的咸、甜馅料便成不同品种的泡芙。

制作关键

（1）煮面团时要熟透，加鸡蛋要趁热加。

（2）烘烤入炉不能用猛火，否则难胀开，表皮过早糊化会硬实。

（3）烤时不能用力移动烤盘，否则会使成品下塌。

（4）烤到熟透才能出炉，否则成品会变形。

（5）不论咸馅、甜馅都要保持卫生，因为它是直接入口而无须加温，并应以软滑馅料为主，才能使皮馅匹配。

特点：此品香滑软醇，咸甜皆宜。

云吞面

雲吞麵～艰求

粤人喜愛麵雲吞
皮薄餡靚湯味甘
川蜀名爲抄手喚
難求精品顯艱辛

何世堯敬書

【诗意】

云吞面是广东人的至爱美食，云吞皮薄馅靓，虾子汤鲜美。云吞面虽到处可见，但做出精品则不易。

诗赏析

四句诗，每一句都表达出一种思维、一种情感，精辟！此诗道出云吞面是家喻户晓和老少咸宜的美点；云吞馅靓皮薄，面条爽韧汤鲜；这款极受欢迎的美食，要研制得法需要有精深的功底才行。

全诗写法别致，内涵深远，前呼后应，质朴而细腻。

云吞面是粤人的至爱，世界上只要有粤人的角落就会有云吞面馆，而能做好云吞面的则凤毛麟角。一碗靓云吞面，要云吞、面、汤三者满分才算精品。

全蛋面用料配方及制法另见附录三。

用料配方

❶ 馅的用料配方［以1斤（500克）计］

瘦肉7.5两（375克）、肥肉头2.5两（125克）、虾肉5两（250克）、冬菇5钱（25克）、大地鱼末2钱（10克）、鸡蛋黄3个

❷ 馅的调味料配方［以1斤（500克）计］

精盐1.2钱（6克）、味精和鸡粉各5分（2.5克）、白糖2钱（10克）、麻油1钱（5克）、胡椒粉3分（1.5克）

制作方法

制云吞面皮

云吞面皮是在做好全蛋面皮的基础上再用面棍反复压薄至皮呈现通透而不穿烂为佳，再把薄皮改成约7厘米×7厘米方块密封或冷藏，切忌风干，否则容易折断。

拌云吞馅

把洗净后晾干的肉类切成约6立方毫米丁方的肉粒（切忌用搅拌机绞肉），冬菇浸发后切成细粒，先把瘦肉下盐打至粘手胶状（越黏越好），然后放入全部原料并搅拌均匀。

拌好馅后再拌蛋黄，放入冰柜，使包云吞时皮馅更易黏合。

包云吞

每块皮宜包入约2钱（10克）的馅。包云吞所用骨签的要求：头稍尖而身细，这样包制云吞时一签三折，一个云吞便包好了。

煮云吞

水温不宜太高，不超过90℃，下锅让面皮和馅熟度一致，否则会使皮烂而馅未熟，且面皮表面过早糊化。

云吞面煮好下汤底时宜配上韭黄粒，不宜搭配其他，否则会分解面的汤味。

云吞面汤料为生虾壳、大地鱼、猪大骨。做法是先将汤料“飞水”，再用布袋包住虾壳、大地鱼与猪大骨一起用猛火煲3小时以上，如加入 适量火腿骨，则汤水更佳。

炸云吞

炸云吞的皮是在原云吞皮的基础上以每斤面粉加入食粉3分（1.5克）制作而成。炸云吞皮偏厚，馅是水煮云吞的1/5便可，否则馅会不熟。炸时以油温160℃为宜。

炸云吞可搭配五柳料或淋上酸甜芡、酱汁食用。

老婆饼

老婆餅～名揚

婆婆雖老亦能嘗
何懼齒牙論知長
香軟冬蓉酥更軟
恒香元朗美名揚

何世晃並書

【诗意】老婆饼是老婆婆最爱吃的美点，因为其不用牙齿咀嚼，外酥内软，冬蓉则香而软滑，该饼出自潮州，而香港元朗恒香老婆饼最山名。

诗赏析

全诗短短四句，刻画出这款美食的精髓，道出老婆饼的品质、名称的由来。老婆饼松软可口，是老婆婆的至爱美食。

此诗比喻恰当，抒发情怀，婉转自如，确实是一首好诗。

老婆饼起源于潮州，其得名是由于该饼从皮到馅都酥香绵软，老婆婆牙齿不全，也可轻易食用。老婆饼又名冬瓜蓉酥饼，它主要以水油酥包制冬瓜蓉馅而成。

20世纪30年代，该饼转由香港元朗恒香饼家生产，该酒家制作老婆饼更加精细，使其成为该酒家有名的食品。

用料配方

❶ 用料配方 Ⅰ

糖冬瓜10斤（5 000克）、冰肉10斤（5 000克）、榄肉3斤（1 500克）、玫瑰糖2斤（1 000克）、猪油2斤（1 000克）、细白糖20斤（10千克）、三洋粉糕7斤（3500克）、清水7斤（3500克）、白芝麻2斤（1 000克）

❷ 用料配方 Ⅱ

以纯冬瓜蓉馅加入少量白芝麻而成。

制作方法

◎ 把糖冬瓜切碎绞烂，冰肉切成粒，把全部原料按先入粉、后洒水、最后入油的程序搅拌均匀，放置1小时后便可分馅制饼。

◎ 按照制作水油酥的方法，皮馅各半（各5钱）包成饼状，压扁成圆薄饼形，抹上蛋黄，用约180℃底面火烘烤至金黄色，每个饼重1两（50克），约烘烤15分钟便可出炉。

现市面上出现了不少老婆饼，一点冬瓜蓉也没有，只用糖水、油和糕粉做馅，把老婆饼的风味弄得荡然无存，不宜推广。

棉花糕

【诗意】

松糕是家庭所产的大众之品，经过精细的工序将其锐变成棉花糕，糕品细眼软滑而香爽，说明辛勤钻研一定能出珍品。

松糕～尋常家

松糕原落尋常家
細作精工現彩霞
微孔力回香滑爽
深耕才吐艳棉花

何世晃題书

诗赏析

本诗引证棉花糕是由松糕演变而来，达到了棉花般的细软，具有爽、滑、香的特点。诗中，我们还悟出一个道理，就是精耕细作，多动脑筋，便可将家庭厨房之粗品变成席上精品，说明创新是个硬道理，只有创新才能发展。

全诗语言简练，而意境无穷。

用料配方

❶精制棉花糕的用料配方

优质大米1斤（500克）、白糖7两（350克）、泡打粉1.2钱（6克）、糕种1钱（5克）、枧水2分（1克）、清水5两（250克）

❷红糖松糕的用料配方

大米3斤（1 500克）、黄糖1.5斤（750克）、枧水3钱（15克）、糕种1.5两（75克）、泡打粉1.5钱（7.5克）、清水1.2斤（600克）

制作方法

精制棉花糕的制作方法

◎ 将优质大米用水洗净后浸约1.5小时，磨成细滑的米浆（最好用200号箩斗过滤），以布袋盛装，用重物压干水分，制成干浆（1斤米压干浆约1.5斤）。

◎ 取出1.5两（75克）干浆，用3两（150克）清水开稀煮熟成糊，待凉后和生米浆一同搅匀，加入糕种和2两（100克）清水，一起搅拌揉匀，待其发酵8～12小时（发起后有少量弱酸性），糕浆表面如蚂蚁走过一样（行业述语，称“起蚁路微有下沉”）为好。

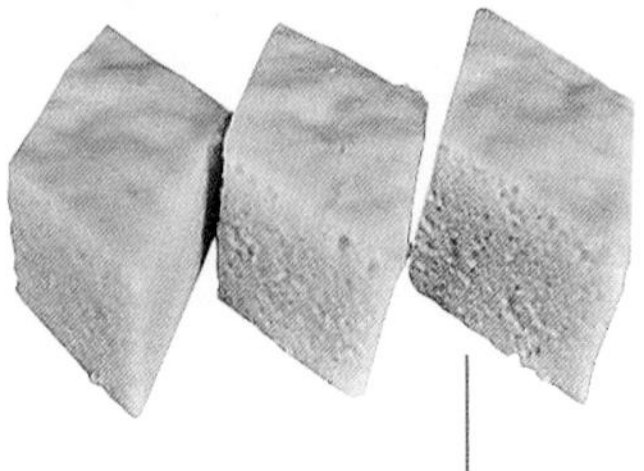

◎ 把发起的米浆装入盘内，放进白糖，用手拌匀，使白糖溶解，然后把泡打粉、枧水放入糕浆内再拌匀，随即放入蒸笼或铁壳盏蒸熟便可。

红糖松糕的制作方法

◎ 制作干米浆的方法与棉花糕相同。

◎ 取干米浆2两（100克），加入清水2.5两（125克）开稀，煮成熟糊冷却备用。

◎ 用瓷盆盛干米浆，加入清水2两（100克）及冷却的熟糊、糕种揉匀，待其发酵12小时（如天气炎热，则发酵时间可缩短至6小时）。

◎ 发酵后，加入糖水［用6两（300克）水煮溶红糖］、枧水、泡打粉拌匀，倒入用湿布垫底的蒸笼，用中火蒸30分钟，如糖分重，则蒸的时间要长些。

精制棉花糕的制作关键

（1）靓米要洗至洁白干净，石磨和用具也要洗干净，防止混入杂质而引起发酵，影响质量。

（2）浸泡米的时间要适当，时间短，米身硬，磨不细滑；时间过长，米身软，会引起酸性发酵，影响质量。米浆一定要细滑，如粗则用箩斗滤过，浆可以再磨。

（3）加入糕种时，要看气温，天气热且发酵时间长的，可少加糕种。

（4）蒸糕时一定要用猛火，慢火会影响成品质量。

【诗意】

窝贴有饺子也有包点，但都是以生煎为主，当煎至底部金黄色时把底翻向上，加水后加盖煎煮，水干之时窝贴刚熟，甘香而汁鲜美。

窝贴

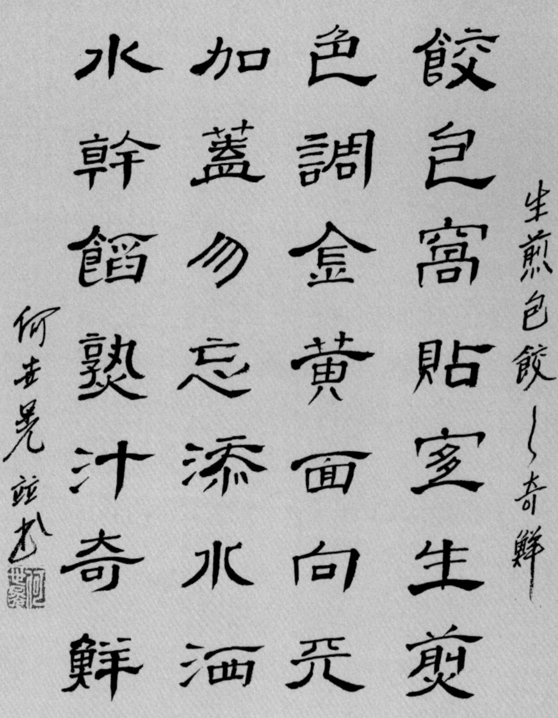

诗赏析

全诗四句勾画出窝贴的技法要领、生煎时的步骤，体现出精湛的技法，所描述的窝贴色泽金黄，口感甘香，汁液甜美，令人看诗涎滴。作者写法极为别致。

窝贴饺（包）是北方传入粤的品种，有京都窝贴饺之称，以其皮焦、馅香、汁多而著称，深受粤人喜爱，但一定要生煎，否则风味尽失。

用料配方

❶ 皮的用料配方

中筋面粉1斤（500克）、精盐1钱（5克）、50℃热水6两（300克）

❷ 馅的用料配方

去皮上肉1斤（500克）、挤干水绍菜1斤（500克）、生葱2两（10克）、精盐3钱（15克）、胡椒粉5分（2.5克）、鸡精1钱（5克）、味精1钱（5克）、白糖5钱（25克）、姜末3钱（15克）、麻油2钱（10克）、清水2两（100克）、尾生油1.5两（75克）

制作方法

制皮

中筋面粉开窝，放入精盐和热水拌匀，揉至顺滑备用。

制馅

◎ 将绍菜过冷河（粤菜的一种烹饪方法：把食物烫至七八成熟，然后将其泡在冷水里，通过热胀冷缩的作用，使食物的营养和水分瞬间锁住），沥干水分，切碎。生葱切碎。

◎ 去皮上肉绞烂或剁烂，加入精盐打至起胶粘手，再加入剩下的原料、调味料拌匀放入冰柜待用。

包馅

◎ 皮用棍开薄，用皮3钱（15克）包上馅4钱（20克）并捏成褶皱多的包或饺形。

◎ 把成品放入抹油平底锅先煎一面呈淡黄色，翻转加水（水分要掌握准确）加盖至水干及馅、皮熟，底面呈淡金黄色为合格。

特点：皮焦香，馅多汁而鲜（馅除绍菜外用萝卜或什菜也可）。

南瓜糕

金瓜素裹淡梳装
調制甜糕份外芳
頓現色嫣如艷画
養生保健道康庄

南瓜糕～艳画

何世尧竝书

【诗意】

在南瓜（又称金瓜）的里层注入银白色的冻糕，甜滑香软，切件后色泽艳丽，层次分明。南瓜糕是一款营养保健美食。

诗赏析

这款南瓜糕，其实是广州市番禺区一家知名西餐店的品牌名点（番禺十大名点之一），名叫银装素裹。作者将这款金牌美点刻画得入木三分。此品是用南瓜为原料制成，是色香味形俱全的新派美食。

全诗笔触自然，格调明快，简练准确，情景交融，好诗！

南瓜已成为现代人的健康食品，用南瓜制作糕点更突显南瓜美食养生的特色。

用料配方

南瓜蓉4斤（2 000克）、粟粉1.3斤（650克）、冰糖1斤（500克）、枧水6钱（30克）、黄奶油3两（150克）、牛油至尊粉5分（2.5克）、奶粉2两（100克）、清水2.8斤（1 400克）、熟红豆或熟腰豆1斤（500克）

制作方法

◎ 把南瓜去仁去皮，蒸熟后压烂，用箩斗隔过成南瓜蓉。

◎ 用一半清水开粟粉浆备用。

◎ 另一半水下锅放入冰糖，慢火煮溶后加入黄奶油、奶粉、牛油至尊粉、枧水煮沸，放入南瓜蓉拌匀。

◎ 拉离火位，把粉浆拌成糊状。

◎ 在9寸方盘上抹上油，倒进一半南瓜糊浆蒸约10分钟，把熟红豆或熟腰豆撒在表面，再将其余南瓜糊浆倒在上面抹平，用猛火蒸约半小时便熟。

◎ 熟后可煎食、冻食，亦可用模具把南瓜糊浆倒入蒸熟，制成各种花式的南瓜糕。

椰挞、咸椰角

椰林出自海之南
表裡全珍非等閑
入點鹹甜多式樣
椰鄉長伴不思還

椰点～金珍

何吉光题书

【诗意】

海南岛椰林满布，而椰子树里外果实均大有用途。以椰子制成的美食，椰香浓郁，花式多样。椰乡海南更是旅游胜地，令人流连忘返！

诗赏析

从椰挞、椰堆的椰子系列点心，引出椰子盛产地海南，道出椰乡海南的美景，令人流连忘返！椰子可以制作出林林总总的美食。

此诗层次分明，对仗工整，自然流畅，耐人寻味。

椰子全身是宝，制作中式点心则多用椰丝，而西点则广泛使用椰浆，如冻糕、布丁等。

用料配方

一级干椰蓉或椰丝1斤（500克）、白糖3斤（1500克）、黄油5两（250克）、清水3斤（1500克）、生油5两（250克）、净鸡蛋6两（300克）

制作方法

◎ 用清水煮白糖，水沸后加入一级干椰蓉或椰丝再煮片刻倒出，放入瓷盆或不锈钢盆中浸发一夜。

◎ 把其余用料混合放置1小时以上，让全部用料相互浸透。

◎ 把椰蓉馅分别放置在事前准备好的椰挞盏内，面上可放车厘子衬托色泽。

◎ 若水油酥在整个烘烤过程中要用中火，则底面火为180℃便好。如是千层酥则要使用乱酥（将千层酥叠乱），防止酥过胀而馅外溢，底火为200℃以上，面火保持180℃便好。酥呈金黄色便可出炉。

制作关键

（1）椰丝绝不能使用已溶过椰浆的椰丝，因这时已是椰渣了。

（2）椰蓉要妥善保管，因其很容易变质，变质后的椰蓉，绝不能用于制作成品。

咸椰角的用料配方及制作方法

（1）咸椰角皮可用潮州粉果皮，也可用糯米糍皮。

（2）咸椰角馅的配方。

鲜椰丝4两（200克）、马蹄肉2两（100克）、花叉2两（100克）、黑木耳1两（50克）、胡萝卜1两（50克）

（3）技法。

先把鲜椰丝蒸30分钟取出，其他原料全部切成细丝，按常规的咸馅法制作。

用上述两种皮中任一种均可包成三角形咸椰角。

特点：风味独特，椰味清香，咸点心用椰丝做馅实属首例。

布丁

芝椰蛋奶嫩甜鮮
西點精華數布丁
花樣奇新人倍愛
垂涎不惜腰頭錢

【诗意】

前两句道出布丁的用料，并说明布丁是西点精美品种之一。后两句说出布丁多样化且花样新奇，尽管价钱贵了一些，但人们仍然争相品尝。

诗赏析

此诗第一句仅用七个字就说明了布丁的用料和特点。布丁以椰汁、芝士、鸡蛋、牛奶配制而成，具有嫩滑、甜香、鲜爽的口感。后三句引证这款西点令人喜爱的原因。

此诗诗意明晰动人，语言质朴真实，十分贴切而巧妙。

布丁因其使用上乘原料，是西点中的精品。不论是热布丁还是冻布丁，均以其清香嫩滑、口感细腻、不落俗套而见称。

用料配方

❶ 冷冻布丁的用料配方（以榴梿冻布丁为例）

淡忌廉2斤（1 000克）、榴梿肉1斤（500克）、白糖3两（150克）、靓鱼胶片2钱（10克）

❷ 热布丁的用料配方（以巧克力布丁为例）

牛油5两（250克）、巧克力5两（250克）、白糖4两（200克）、低筋面粉4两（200克）、泡打粉1钱（5克）、可可粉1.5钱（7.5克）、鸡蛋5个、淡忌廉2两（100克）、牛奶巧克力2两（100克）

制作方法

冷冻布丁的制作方法

◎ 榴梿肉用搅拌机高速打烂成蓉。

◎ 鱼胶片用清水浸泡软后加入白糖和榴梿蓉一起拌匀，猛火蒸15分钟后冷却备用。

◎ 淡忌廉用打蛋机打至微起发，若打发过度则影响出品。

◎ 半稠状淡忌廉和榴梿糖浆混合轻拌匀放进模具冷冻，其特点是榴梿香味浓，口感嫩滑。如用熟金瓜蓉按榴梿方法制作，则成另一种风味的金瓜冻布丁，成品色泽娇艳美观营养价值较高 ，风味更是别具一格。

热布丁的制作方法

◎ 馅心制法：淡忌廉煮热至80℃后加入巧克力混合成稠糊状，作为馅心备用。

◎ 布丁制法：慢火煮溶牛油，拌入巧克力至全部溶解，加入白糖、低筋面粉、泡打粉、可可粉拌至白糖完全溶解后，分次加入鸡蛋再拌至微起发便成巧克力蛋糕生胚浆。把浆倒入模具中（浆约占模具体积的20%），再放入牛奶巧克力馅心，量与底部蛋糕胚相等，面上再抹上一层巧克力蛋糕浆，即可入炉烘烤。按总重量为1.5两（75克）一个计，用180℃炉温烘约18分钟，熟后脱模，面上撒上糖粉或其他装饰均可。

制作关键

（1）严格掌握投料顺序，否则成品易失败。

（2）高度注意卫生，做好保管工作，以防变质。

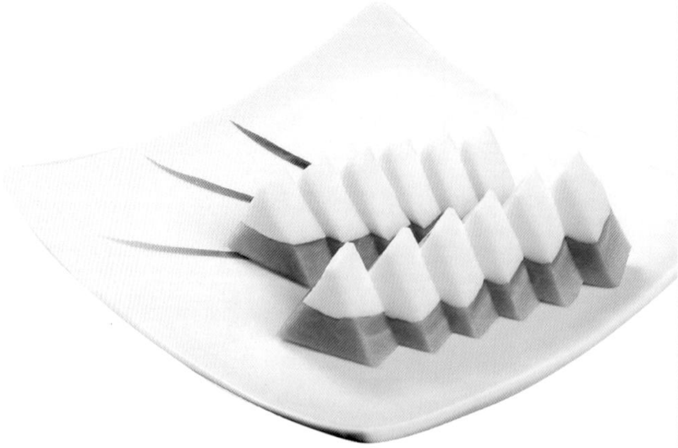

雪梅娘

銀球出自海東洋
嬌俏喚名雪梅娘
盛夏淺嘗人倍爽
北風蕭瑟小登場

雪梅娘之夏尝

何世尧题书

【诗意】

雪梅娘状似银球，原产地是日本，因娇小、雪白、可爱而被称为雪梅娘，盛夏尤为适合食用，寒冬则很少登场了。

诗赏析

全诗四句，刻画出美点雪梅娘的原产地与特点，具有无穷韵味，互相烘托，营造出本诗的主题，文笔顺畅而又不落俗套。

雪梅娘是近年来由日本引进的冰冻食品，其特点是绵软香滑，馅料搭配新颖多样，深受年轻一族喜爱。

用料配方

❶ 皮的用料配方

水磨糯米粉1斤（500克）、白糖1斤（500克）、澄面粉6两（300克）、生粉3两（150克）、椰浆1斤（500克）、清水1.6斤（800克）

甜馅料可用半粒状红豆沙馅、奶黄馅，若用粟粉忌廉馅，加入芝士粉、浓缩橙汁、榴梿肉等，便成各种口味的雪梅娘。

❷ 粟粉忌廉馅的用料配方

靓粟粉1两（50克）、白糖3.5两（175克）、鲜奶3两（150克）、吉士粉2钱（10克）、清水4两（200克）、鸡蛋黄2个

制作方法

皮的制作方法

◎ 用盆盛放水磨糯米粉，倒入开水拌匀，成粉糊状，再加入白糖、澄面粉、生粉、椰浆一起拌匀。放入抹了油的盘内用猛火蒸熟，晾凉后便成雪梅娘皮。

◎ 用特定的清洁面板，将雪梅娘皮分件，用糕粉做粉胚包制各式偏软甜馅料。

粟粉忌廉馅的制作方法

◎ 用淡鲜奶开粟粉成粉浆备用。

◎ 白糖加吉士粉混合后加清水用慢火烧开，徐徐将淡奶粉浆倒入，慢慢搅拌，至冒大气泡，然后加入蛋黄拌匀，便成粟粉忌廉馅。

包馅

在洁净案台上把皮约5钱（25克）稍压薄，包上各式馅料约3钱（15克），搓至圆球状，用纸杯盛载便可售卖。

因成品直接入口，要严格注意卫生。

汤圆

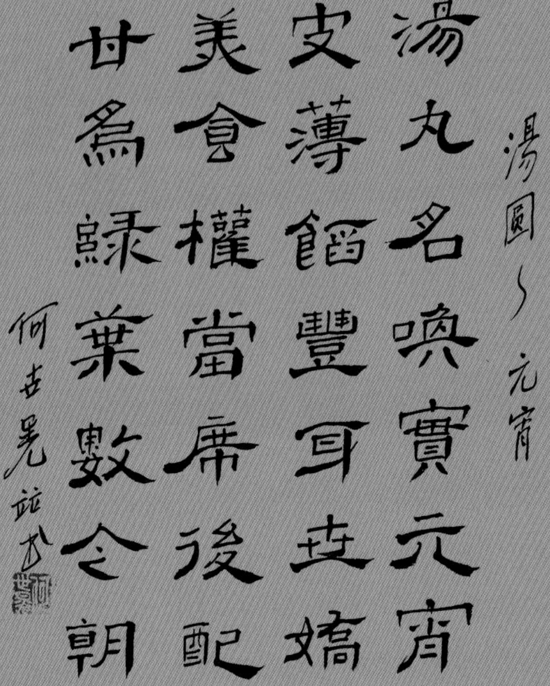

【诗意】南叫汤圆，北称元宵，皮薄馅甜香，酒楼大多将其作为饭后甜点（如杏露汤圆），发挥其绿叶作用。

诗赏析

全诗主题明晰，道出汤圆的南北叫法不同。诗中体现了作者朴素、自然、真切的情感。

现在每逢元宵佳节，人人都吃汤圆，每逢过年过节也必举家吃汤圆，寓意团团圆圆。酒楼食肆饭后甜食常有擂沙汤圆。

最传统的汤圆是用八成水磨糯米粉加两成粘米粉，用冷水调成粉团，将红糖片粒包于中央，以姜煮红糖水，沸后放入汤圆煮至全部浮于水面即可，连汤带丸一起食用。

改良制法是：将30%的澄面粉用沸水烫成熟澄面，加入70%的水磨糯米粉，并加适量清水搓成软硬适中的粉团，可包入各种馅料，如红豆沙馅、莲蓉馅、奶黄椰丝馅等。

用油将少量姜片爆香，下水加红糖煮成糖水，放入汤圆，汤圆熟后浮出水面，连糖水带汤圆一起食用，也可待汤圆熟后捞起放入椰蓉或即食麦片中翻滚，上锡盏成为擂沙汤圆。

汤圆除水煮外还可炸，以下介绍炸汤圆的做法。

◎ 将糯米粉1斤（500克）、白糖3两（150克）、熟澄面粉3两（150克）、食用油3两（150克）全部揉至糖溶解成软粉浆，放进冰柜冷藏3小时让其渗透。

◎ 把冷藏的粉浆分成每粒3钱（15克），包入甜馅（莲蓉、豆沙、奶黄、椰蓉均可）1.2钱（6克），搓圆。

◎ 洗净锅下食用油，至油温160℃后把汤圆下锅炸约3分钟，加大油温起锅便成炸汤圆。

在广东五邑地区流行吃咸汤圆，但咸汤圆很讲究，材料以香菇、腊味、海味、肉料为主料，副料以萝卜、蔬菜类为主。煮成汤圆时先把主料煨好后加入副料，最后放入小的不带馅的糯浆粉团煮熟，这便成为具有地方特色风味的咸汤圆。

冻糕

【诗意】

冻糕是以鱼胶或琼脂炮制而成的夏日美点，其以椰浆、鲜奶、佳果随意配制，品尝此美点心旷神怡，可起到解暑和有益健康之效。

冷凍點～觧暑

炎夏過高凍品珎
琼脂主料魚膠根
椰漿鮮奶菓香配
觧暑怡神康泰增

何世尧并书

诗赏析

本诗细腻而生动，使人留有想象的余味，文笔流畅。

水晶什豆糕

用料配方

鱼胶粉4两（200克）、冰粒2斤（1 000克）、白兰地酒1两（50克）、白糖2斤（1 000克）、开水3斤（1 500克）、熟眉豆1.5斤（750克）、熟腰豆1.5斤（750克）、熟三角花豆1.5斤（750克）

制作方法

先把白糖与鱼胶粉拌匀，倒入3斤（1 500克）开水，至白糖与鱼胶粉完全溶化后加入冰粒、白兰地酒拌匀，分三个容器盛装，每份加入一种豆类，用9寸方盘盛装，其中一份放入冰柜，凝固后取出加入第二份，再凝固后取出加入第三份，待全部凝固取出切件，三种豆颜色各异，色彩分明，口感清凉。

香芒冻糕

用料配方

鱼胶粉2.5两（125克）、清水3斤（1 500克）、净蛋清6两（300克）、炼奶2两（100克）、白糖1.2斤（600克）、白兰地酒3钱（15克）、杧果肉6两（300克）

制作方法

◎ 鱼胶粉与一半白糖拌匀，倒入开水，然后加入白兰地酒，杧果肉切成粒状备用。

◎ 用打蛋机把净蛋清搅至起蛋泡，加入另一半白糖再打至蛋泡冒起时，把鱼胶粉煮沸倒入，边倒入边搅拌，然后加入炼奶，最后加入杧果粒或其他水果粒，分别放进模具或9寸方盘冷冻后切件，成为盛夏冷冻佳品。

椰奶冻糕

用料配方

鱼胶粉2.5两（125克）、椰浆1盒、淡鲜奶1斤（500克）、白糖2.2斤（1 100克）、清水5斤（2500克）

制作方法

◎ 椰浆加淡鲜奶拌匀备用。

◎ 鱼胶粉和白糖拌匀放入水中，慢火煮沸，边煮边搅拌。

◎ 倒入椰浆奶水再煮至微沸离火，倒进9寸方盘或模具内，冷却后放入冰柜冷藏，定型后切件售卖。注意需严格保管。

克戟

克戟原配西早茶
無心味淡問津差
稍添粵味均衡材
客地亦能現彩霞

克戟～粵改

【诗意】克戟是西式早茶点心，无馅味淡，在南粤不大受人们喜爱，若以粤点特长加以调配，定能为广大宾客所接受。

诗赏析

本诗以通俗的文笔说出西点克戟的不足之处，并提出中肯的改进意见，祈望将其改良后发扬光大！

用料配方

❶ 奶油煎克戟的用料配方

低筋面粉1斤（500克）、白糖2两（100克）、牛油1.5两（75克）、净鸡蛋6两（300克）、鲜奶5两（250克）、清水2两（100克）、泡打粉3.5钱（17.5克）

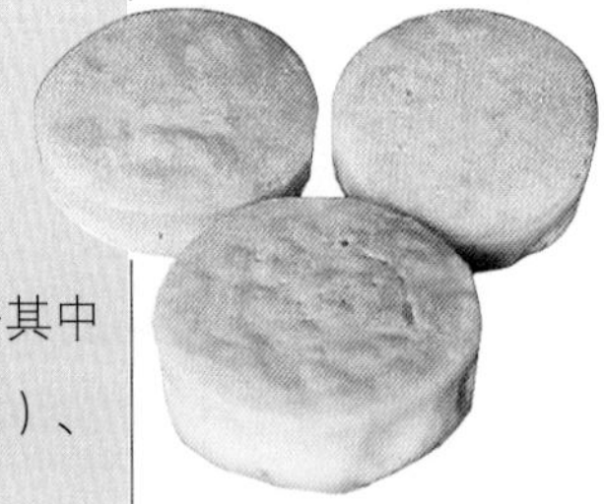

❷ 咸克戟的用料配方

咸克戟和甜克戟的用料除加入以下调料外其余相同，即减去其中白糖1.5两（75克），并加入下列调味料：精盐1.8钱（9克）、鸡精5分（2.5克）、味精5分（2.5克）、胡椒粉5分（2.5克）

制作方法

奶油煎克戟的制作方法

◎ 低筋面粉与泡打粉混合筛过，待用。

◎ 用容器盛装白糖、牛油、净鸡蛋、鲜奶，拌匀至白糖溶解，然后把低筋面粉全部放入和匀，继续注入清水，边注入边拌匀，使低筋面粉不生粒，把全部清水加完为止，拌匀后放置半小时。

◎ 将平底锅烧热，用纱布抹上少许油，用中慢火煎成底面着色并已熟的圆件，然后跟糖浆或炼乳一起上桌。

咸克戟的制作方法

青豆、西芹、午餐肉、熟腊肠各8钱（40克），并将用料切成约4立方毫米丁方状，拌入面浆内和匀，煎制成有广式风味的咸克戟。

制作关键

（1）开浆时要边搅拌边加入清水防止生粒。

（2）甜克戟不能用重糖，否则煎时易焦。

（3）宜即煎即食，放置时间不能太长，否则会影响口感。

班戟

班戟實為薄餅名
餡求細嫩小而輕
最佳菓醬和芝士
鹹配也能燿品榮

班戟（薄餅）
何世晃題書

【诗意】

班戟亦称薄饼，馅料精细，多以果酱和芝士为馅，其咸馅料也一样受欢迎。

诗赏析

班戟是西式美食，作者在诗中道出其形状及馅料咸甜皆可的特点。全诗主题明快而清新，落笔自然且通俗，切题且新颖。

用料配方

中筋面粉1斤（500克）、净鸡蛋5两（250克）、精盐1钱（5克）、清水2.2斤（1100克）

制作方法

◎ 先将中筋面粉用盆盛装，放入净鸡蛋、精盐，将清水逐步加入，边加入边搅边打，使其起筋具有韧性，便成面浆。

◎ 平底锅用纱布抹上少许生油，将开稀的面浆按具体分量，分别煎至熟即成班戟皮。

◎ 每件皮约6钱（30克），包上约5钱（25克）的咸、甜馅并做成扁“日”字形。

咸馅用普通熟馅底加入鸡丝或火鸭丝，分别为鸡丝、火鸭丝班戟；甜的包入果酱或忌廉，则为果酱或忌廉班戟。

甜班戟包好后即可上碟售卖，咸班戟包好后用少许油煎至浅金黄色便成。

炸班戟则包成圆筒状，表面涂上蛋液，粘上面包糠，在160℃油温下炸至淡金黄色起锅。

制作关键

（1）做班戟皮时注意掌握火候，宜用中慢火。如火猛则摊不开，如火慢则色泽呈淤色，易霉烂。

（2）用油抹锅时，不能过多。

（3）煎班戟必须先将铁锅烧热，把咸味烧去，才能在煎时不粘锅。

（4）炸班戟筒使用的面包糠一定要用味淡的，不能用甜的，否则容易焦黑。

（5）炸班戟筒如粘上桃仁碎或榄仁碎则风味更佳。

潮州粉果

潮州粉果實壺名
遍訪汕鄉無此稱
旅港潮人懷里切
命名入點鮮思情

潮州粉果～乡情

【诗意】

在潮汕找不到潮州粉果这种点心，固在潮汕地区亦无法考究。此品原是旅港潮州人士因思念家乡而命名。

诗赏析

诗中写得现实，亲切感人，托物寄情，具有无穷的韵味。

潮州粉果皮厚，有潮州萝卜干、炸花生和五香粉等风味。20世纪80年代初，笔者与罗坤大师同行到潮汕访问。结果潮汕等地师傅们觉得很奇怪，潮汕只有粉粿，根本没有什么潮州粉果。后来得知，此粉果出自香港。

用料配方

❶ 皮的用料配方

澄面粉5两（250克）、生粉5两（250克）、精盐2钱（10克）、沸水1.6斤（800克）

❷ 馅的用料配方

五花肉头6两（300克）、沙葛2两（100克）、韭菜1两（50克）、萝卜干2两（100克）、虾米5钱（25克）、五香粉少许、叉烧包芡2.5两（125克）、炸花生2两（100克）

制作方法

◎ 将1/2筛过的生粉和全部澄面粉用沸水冲入拌匀，放入精盐搅拌后，稍微晾凉，加入剩下1/2的生粉，揉匀，加少量猪油揉透，便成潮州粉果皮。

◎ 将五花肉、沙葛切粒煮熟，把萝卜干、虾米洗净，用少量食用油和绍酒爆香，韭菜洗净切粒后加入。

◎ 将全部粉果馅用料和叉烧包芡拌匀（叉烧包芡制法见附录三），加入五香粉，搅拌均匀，便成粉果馅。

◎ 用约4钱（20克）粉果皮压薄，包上约4钱（20克）的馅，呈鸡冠形。

◎ 用稍大火蒸约3分钟，便可出笼。

◎ 馅料可精可粗，只要加入部分潮汕地区常用菜脯便可。

制作关键

制作潮州粉果皮时，不能将生粉一次性放入，否则会过于黏结难以开薄，因此生粉要分两次投放。

【诗意】

水油酥是众酥之中的佼佼者，其衍生出的美点遍布神州大地，品种繁多，是粤点酥食之中的皇字辈。

水油酥

水油酥～酥中王、

水油酥乃酥中皇
涵盖神州譽满堂
品種繁多千百變
堪稱食寶之珎藏

何世尧书

诗赏析

全诗只有一个主题，便是说明水油酥的种类多样。作者在诗中比喻恰当，围绕着水油酥来做文章，含蓄自然。

水油酥是我国多数地区都有的一种美点，其历史源远流长，京、苏、广等地更是长期以来把此酥作为烘烤饼点之经典。广式水油酥更是口味多种，可咸、可甜、可烤、可炸、可煎。

水油酥皮开酥方法大致有三种：细酥、大酥、叠卷酥。细酥特点是层次多，成品更松化；大酥特点是层次分明，工序简单；叠卷酥以造型为主，可制成生核桃、花生、小动物等形状。

用料配方

❶水油皮的用料配方

中筋面粉1斤（500克）、猪油3两（150克）、清水4两（200克）、白糖5钱（25克）

❷酥心的用料配方

低筋面粉1斤（500克）、猪油3两（150克）

制作方法

酥心

将中筋面粉筛过放在案台上，开窝加入猪油揉至顺滑便成。

水油皮

将中筋面粉筛过，同上把全部原料放入揉至顺滑。

细酥开酥

用皮包酥，若烤以5∶5，若炸以6.5∶3.5的比例，开成长卷筒状，然后折三折呈圆扁球状。

大酥开酥

用皮五酥的比例，以皮包酥先开成长“日”字形，对折成四折，稍放置，再开薄折三折（共七折）便成大酥。

叠卷开酥

先开成薄长“日”字形，折三折再开薄卷成细筒形后分件。

不论开何种酥都要用力均匀，不要开穿，且皮与酥软硬程度要相吻合。

制作关键

（1）水油酥成品一般以皮与馅6∶4的比例为宜。

（2）咸水油酥制品一定要用熟馅，否则会导致内馅不熟或内熟皮过火。

（3）烤水油酥宜用180℃的底火。

（4）炸水油酥油温掌握在150℃为宜，起锅前加大油温迅速离锅。

绿豆饼

潮汕豆香入餅昌
奇佳滋味寔難磨
穗城一夜千家店
大浪淘沙悔不初

绿豆餅～味滋

何世晃並书

【诗意】

潮汕的豆蓉滋味极佳，但要配制得当是要讲究技巧的，后两句举例引证：广州曾有样学样，几月间售绿豆饼的街头小店近千家，但由于质量不稳，好景不长，很多以失败告终。

诗赏析

作者在诗中道出做好绿豆饼的关键是用上乘绿豆蓉馅。饼馅的调制并不容易，质量不好必遭市场淘汰，奉劝大家，学艺要学精，不能走捷径。全诗一气呵成，写得真实、生动，颇具教育意义。

绿豆饼有甜的也有咸的，加入不同的原料，便会有不同的风味。在20世纪末，约一年时间，潮汕绿豆饼遍布珠江三角洲和广州大街小巷，广州市内就有300多家，但多数是鱼龙混杂，大半年过去后很多都销声匿迹了。

下面介绍的绿豆饼的制作配方是在潮式绿豆饼的基础上经过改良创新的。

用料配方

❶ 甜馅的用料配方

去衣绿豆1斤（500克）、白糖6两（300克）、海带丝1.5两（75克）、陈皮5钱（25克）、芫茜叶1钱（5克）、吉士粉5钱（25克）、黄奶油1两（50克）、熟澄面1两（50克）

❷ 咸馅的用料配方

去衣绿豆1斤（500克）、精盐1.2钱（6克）、白糖5钱（25克）、西芹丝2两（100克）、胡萝卜丝1.5两（75克）、虾米1两（50克）、肉松1两（50克）、味精5分（2.5克）、鸡精5分（2.5克）、猪油1两（50克）

制作方法

◎ 制饼前先用温水把去衣绿豆浸泡2小时，用布垫着上蒸笼干蒸至熟软，压烂成蓉备用。

◎ 分别把甜、咸味两种不同配料中的丝洗净，均切成细丝，陈皮浸透剁成蓉，虾米要加油爆香，西芹丝、胡萝卜丝用猛火过油并沥干油。

◎ 将各种用料与绿豆蓉拌匀成馅。用四成皮包上六成馅，制好后的咸饼皮上可撒黑芝麻，甜饼皮上可撒白芝麻，压成扁鼓形状。

◎ 按每个饼1两计，入炉用180℃的底火烘焙约20分钟即可。

◎ 饼皮用料可参考水油酥的制作方法。

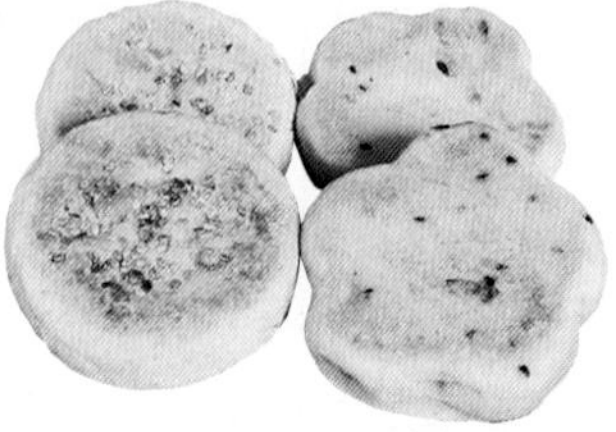

沙翁

儼如白鬚一公公
步履艱辛移動中
細閱不由捧腹笑
原來名食小沙翁

糖沙翁～慢移

何世晃兹书

【诗意】

此点恰似一位年迈的白发老翁，在沙翁的面上撒上白砂糖粉，使其形象更为逼真。

诗赏析

全诗形容得当、明晰动人，当拿起这款点心，想起诗中的陈述时，不觉令人捧腹大笑。作者文笔流畅，此诗主题恰当、生动、贴切，确是好诗。

沙翁由岭南民间小食沙壅演变而成，沙壅过去为平民大众食品，多为人们开工前果腹之用，原用糯米粉制作，后改用面粉制作。由于用料简单、成本低廉，深受平民大众喜爱。

由于此品松软、味稍淡，椭圆形，酷似满身风雪的白发老翁，因此而得名。

用料配方

中筋面粉9两（450克）、面种1.5两（75克）、白糖2两（100克）、糖粉2两（100克）、食粉4分（2克）、泡打粉2钱（10克）、净鸡蛋1两（50克）、清水5.5两（275克）、枧水6分（3克）

制作方法

◎ 把中筋面粉、糖粉筛过和匀，放在案台上开窝，把其他原料一起放入和匀或用蛋糕机搅拌均匀成软面团。

◎ 将和好的面团放置半小时，分件，搓成椭圆形，在150℃油温下炸熟，随即放入糖粉中翻滚，让成品表面沾满糖粉。

制作关键

（1）粉团起锅后要趁热放入糖粉中翻滚，否则粘不住糖粉。

（2）枧水要视气温而适量加减。

咸、甜蛋散

咸蛋散～脆香

蛋麵輾成薄片來
平凡工藝任君裁
蒜麻乳香連脆體
一觸口來便散開

何世晃並書

【诗意】

咸蛋散是以蛋面辗薄成片，以蒜蓉、黑芝麻、南乳三味配合，脆而香，入口易散开的美点。

诗赏析

此诗诗风流利健朗，通俗得体，读后令人心领神会，有闲情逸致之感。

蛋散有咸、甜之分，两者风味截然不同。其用料以蛋为主，由于制作得法，入口便散开，因此而得名。

用料配方

❶ 咸蛋散的用料配方

中筋面粉1斤（500克）、净鸡蛋1个、清水3两（150克）、生油5钱（25克）、白糖5钱（25克）、南乳5钱（25克）、蒜蓉5钱（25克）、精盐2钱（10克）、食粉3分（1.5克）、黑芝麻3钱（15克）

❷ 甜蛋散皮的用料配方

中筋面粉1斤（500克）、净鸡蛋5两（150克）、水面筋或面筋粉1.5两（75克）或3钱（15克）、清水1两（50克）、臭粉1钱（5克）、泡打粉1钱（5克）

❸ 甜蛋散糖浆的用料配方

白糖1斤（500克）、液体葡萄糖1斤（500克）、清水6两（300克）

制作方法

咸蛋散的制作方法

◎ 面粉开面窝，放进全部原料，揉至顺滑，使之呈长条形，用干布盖上，放置约半小时让其醒发。

◎ 在案台上用面棍或通槌反复开薄（用生粉做粉心）至约1厘米厚，用刀切成长方块，中间用直刀切三条缝，两件叠在一起，从两端向中缝穿过形成蛋散状。

◎ 用180～190℃旺火炸至无水声响，便可起锅（下锅约炸15秒），至此咸蛋散便可直接售卖或食用。

咸蛋散的特点：松脆，味甘香且薄，入口甘化，可下菜、下粥或下酒。

甜蛋散的制作方法

◎ 与咸蛋散制作方法相同，制好蛋面团。

◎ 在案台上用面棍或通槌反复开薄（用生粉做粉心）至约1.5厘米厚，用刀切成“日”字形，中间用直刀切三条缝，两件叠在一起，从两端向中缝穿过形成蛋散状。

◎ 用中火，以160℃油温炸至定型。

◎ 把白糖、液体葡萄糖加水炼至糖温约103℃，端离火位并上糖浆，并注意糖浆浓度，回南天、雨天时糖温须达到110℃，北风天时糖温为103℃便可。

甜蛋散的特点：质松化，甜润，光亮。

寿桃包

【诗意】

寿桃包是寿宴必备的美点，适当加点澄面来制作，质量更好。寿桃包的包面亮丽而弹力佳，是儿孙们为长者贺寿的佳品。

祝壽宴能缺壽桃
適添熨麵質奇高
頓增四力色光亮
分享兒孫樂也陶

寿桃包～祝寿

何世尧並书

【注释】

烫面：用沸水烫熟的澄面粉。

诗赏析

此诗文风简洁，说出了寿桃包的内涵和工艺，体现出作者的高超造诣与文采。

这首诗设喻恰当，语句精练，既抒发情怀，又真实明晰，贴切而巧妙。

寿桃包是寿宴必备佳品，现在人们逢年过节或举办庆典宴会均制作寿桃包作为宴席点心，以示吉利之意。

用料配方

优质低筋面粉1斤（500克）、白糖2.5两（125克）、泡打粉1钱（5克）、酵母6分～1钱（3~5克）、淡奶或椰浆2两（100克）、清水3两（150克）、熟澄面1两（50克）

制作方法

◎ 把优质低筋面粉、泡打粉筛过开面窝，放入酵母、白糖、淡奶、清水揉至白糖溶解，拌成稍软面团放置半小时以上（按比例夏天酵母少放，冬天酵母多放）。

◎ 将放置半小时后的稍软面团加入已冷却的熟澄面，再揉匀过压面机开皮，分件，包入馅料制作寿桃包（馅以白莲蓉为佳），先把包搓成球状，在底部收口，再将其顶端捏成尖形，务求包身圆润、顶上微尖。

◎ 让其静置，待包身饱满胀发便可猛火蒸包。若皮6钱（30克）、馅心4钱（20克），蒸8分钟便熟。

◎ 出笼后，迅速用餐刀背在包底向尖部压上一条力度由重至轻的桃状坑纹，并在尖处微喷上食用色素桃红素，再翻蒸片刻，让其色固定，便完成整个制作。

为什么要加入熟澄面呢？一是加入后包身更爽弹；二是更有光泽且绵软；三是定型好。

曲奇

曲奇～品佳

泊來名食譽神州
丹麦堪稱品一流
电視頻臨佳節播
兒童不買淚難收

何世晃书

【诗意】

丹麦的曲奇小饼最负盛名，品质优良，每逢佳节，电视里不停播出曲奇广告，孩童们都哭闹着央求家长购买。

诗赏析

作者以流畅而通俗的文笔，将曲奇的意境刻画得入木三分。丹麦的曲奇已成家喻户晓之物，当今在酒楼中曲奇也加入了美点供应之列。

作者以朴实的文笔，创作的诗句自然清淡，绘声绘色且托物寄情，具有无穷的韵味。

用料配方

低筋面粉1斤（500克）、粟粉5两（250克）、白糖粉6两（300克）、净鸡蛋5两（250克）、黄油1斤（500克）

制作方法

◎ 先把黄油、白糖粉、粟粉放进打蛋器慢挡搅拌（或人工搅拌）至充分融合，然后分多次加入净鸡蛋。

◎ 把已充分融合的原材料放进低筋面粉中拌匀，便成为曲奇软面团。

◎ 大型工厂可用机器于烤盘内压出各种图案。如手工可用挤花袋放进曲奇面糊，后挤进已抹油拍上干粉的烤盘中。

◎ 用约160℃底面火炉温烤熟。

制作关键

（1）软面团要软硬适度，才能使花纹清晰（因面粉干湿不同要灵活掌握）。

（2）出炉前慢火烤透，像象牙色泽，注意防潮。

（3）面粉应选用优质的低筋面粉。

裹蒸粽

裹蒸寔焓不為蒸
難覓何來寃構名
米糯豆甘肉膿化
粽香飄滿鼎湖城

裹蒸粽～飘香

何世晃题书

【诗意】

裹蒸粽其实是焓熟而不是蒸熟的，不知何故得名裹蒸粽，裹蒸粽的糯米、蛋黄甘香，绿豆香浓，肉松化，这种普罗大众的名食为肇庆鼎湖特产。

诗赏析

此诗笔触自然，格调明快，简练准确，贴切而巧妙，将裹蒸粽的内涵表露无遗，有闻香而垂涎欲滴之感。

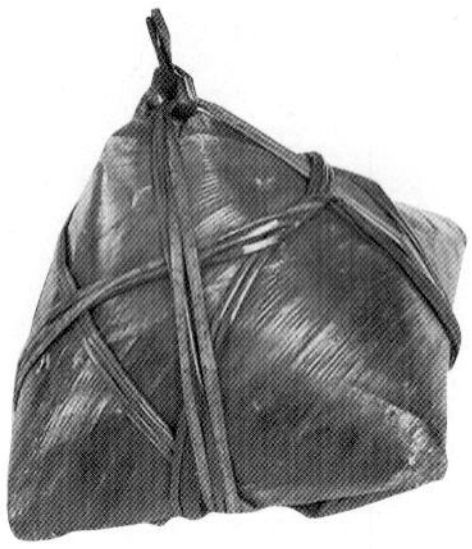

裹蒸粽是我国古老而传统的节日食品，广东以肇庆裹蒸粽而扬名于海内外。近年来各酒楼、茶居全年均有裹蒸粽供应，裹蒸粽是人们喜爱的美食。

用料配方

❶ 传统裹蒸粽的用料配方

◎ 水草、干竹叶、干荷叶（肇庆粽以冬叶为主）。

◎ 优质糯米、去衣绿豆、冬菇、咸蛋黄、五花肉、精盐等。由于裹蒸粽无统一规格分量，比例多少可自定。

❷ 枧水粽的用料配方

干竹叶、水草、优质糯米、浓度为50°的枧水。

制作方法

传统裹蒸粽的制作方法

◎ 先把水草、干竹叶用开水浸软洗净，干荷叶用50℃热水软化洗净（竹叶去头尾部分）。肇庆裹蒸粽则主要用当地特产冬叶包裹。

◎ 糯米、去衣绿豆浸洗干净并晾干水分，分别用适量精盐和生油拌匀备用。五花肉切成方块状，用少许五香粉拌匀。

◎ 把荷叶面部朝上，在中央铺上四片竹叶，把糯米放上，再放绿豆，然后把冬菇、咸蛋黄、五花肉放在中央，再加上

一层绿豆，最后再放一层糯米（糯米和绿豆的比例大约为6：4）。最后把两边叶子向中间折入，头尾叶部分也向中间折入呈四方状，即底部大四面小。用水草扎成“井”字形或“十”字形，要扎紧，不让水草松散脱落。五个裹蒸粽捆成一小扎，放进沸水锅中焓，每个裹蒸粽半斤（250克）以上1斤（500克）以下，焓的时间为4小时，另焗1小时才捞起离锅。

枧水粽的制作方法

◎ 对水草、竹叶处理同上。

◎ 糯米洗净后每斤糯米拌入3钱（15克）至4钱（20克）的优质枧水。

◎ 裹枧水粽要先把两片粽叶弯折成兜状，放入糯米，在两边各插入一片竹叶，即四片竹叶裹一个枧水粽，然后把竹叶向中央折叠成长方形尖顶状，用牙齿咬住水草捆扎（五个一小扎），放入沸水焓3小时，另焗1小时，捞起离锅。

制作关键

（1）一定要用沸水下裹蒸粽，中途加水要加沸水，始终保持水漫过粽面。

（2）锅底要放竹垫才下裹蒸粽，防止粘锅底。中途不能移动裹蒸粽，否则会松散。

（3）咸裹蒸粽要用水草绑紧，枧水粽的水草不要绑得太紧。

（4）在此基础上，咸裹蒸粽可加入各种名贵食材，甜粽可加入莲蓉、豆蓉、芝士、甜干果等，便成各式各样的裹蒸粽。裹蒸粽要冷藏保鲜过夜。

大包

賣大包～童狂

包兒特大未能忘
攬客奪招爭價平
餡入三星豐料配
夢中仍念童時狂

何世晃並書

【诗意】

大包是特别大的包子，为酒楼以价廉点心争客的点心。这种包又称三星大包，有鸡蛋、鸡球、叉烧等馅料，做梦也记得孩提上茶楼时对大包的狂热。

诗赏析

诗中巧妙地写出了三星大包的真谛，携子上茶楼，把孩童们对大包的渴求，写得逼真、透析、潇洒自如。

茶楼卖大包，兴起于二十世纪三四十年代，即广州沦陷后，因当时生意难做，各茶楼以卖大包（该包售价远低于成本价）来促销，并发展到把钞票放进包子馅内，促销宣传越来越不惜血本。后来，“卖大包”这个词成为广州的一句歇后语：卖大包——任人抄，意为大做人情，不计较得失。在很长一段时间里，大包在各大茶楼、酒馆仍有市场，商家把优质大包作为店里的招牌形象。

用料配方

三星大鸡包的用料配方（碎馅）

花肉5两（250克）、熟沙葛4两（200克）、木耳1两（50克）、叉烧包芡3两（150克）

馅用料：鸡肉、熟咸蛋、叉烧、火鸭、腊肠等。

制作方法

◎ 包子皮按照发面皮即叉烧包皮的方法制作（具体方法详见“叉烧包”）。

◎ 碎馅：按每斤馅加精盐1.2钱（6克），白糖2.5钱（12.5克），味精、鸡精各5分（2.5克）的量，加上胡椒粉、麻油拌匀，加入叉烧包芡（制作方法见附录三）便可。

◎ 馅用料有腊味、熟鸡蛋、熟咸蛋、冬菇、火鸭、叉烧、滑鸡等，配上其中三样叫三星大包，除鸡肉用调味料拌匀外，其他可不用调味。每样约重2.5钱（12.5克）至3钱（1.5克），切成正方形，如果每个大包的皮约重2两（100克），则碎馅8钱（40克），加上其中三样，称作三星。

◎ 做好的大包在3.5两（175克）至4两（200克），用旺火蒸制15分钟以上才能熟透。

因品质不同，大包售价各异，现在有些店为招徕贵宾，也有用鲍鱼做大包馅的。总之，客人能接受，可考虑供应。

薄撑

糯漿煎餅薄撑稱
成品來由撑始成
脆軟鹹甜式樣廣
居家會肆任煎攤

薄撑～撑成

何世堯題書

【诗意】

薄撑是以糯米粉浆煎制而成，制作时在锅中摊成薄块而得名，品种很多，可任君点选，咸甜随意，其特点是脆香而软。

诗赏析

全诗落笔围绕着薄撑，写得有声有色，又不落俗套，美名来源、成品特点，全盘托出，作者用词十分贴切巧妙。

薄撑其实是把糯米粉团在锅中反复由厚撑薄而成，其名相当贴切，随着制作原料的广泛应用，薄撑有了很大的变化，有先烫熟糯米粉团撑的，有开稀粉浆半煎半炸的，有咸有甜，花式多样。

以下介绍南瓜薄撑的制作方法。

用料配方

南瓜薄撑的用料配方

糯米粉8两（400克）、澄面粉2两（100克）、白糖2两（100克）、炼奶3两（150克）、熟南瓜8两（400克）、胡萝卜1.5两（75克）、生油1两（50克）、沸水3两（150克）

制作方法

南瓜薄撑的制作方法

◎ 南瓜去皮蒸熟压成蓉，胡萝卜切成丝备用。

◎ 用盆盛好糯米粉和澄面粉，拌入白糖。

◎ 把胡萝卜丝、生油、清水一起煮沸，倒入糯米粉和澄面粉内迅速拌匀，再加入南瓜蓉、炼奶，成糊化粉团，分件压薄。

◎ 如制成咸薄撑可减去白糖和炼奶，加入韭菜、虾米和适量精盐等调味料便可，其他分量基本不变。

◎ 提升口感可考虑加入炒花生、腰果碎或核桃碎。

传统薄撑的制作方法

◎ 糯米粉1斤（500克）加入清水6两（300克）揉成粉团，放置15分钟备用。

◎ 用中慢火将洁净圆锅烧热下薄油，放入粉团压扁，使之由厚变薄至熟倒出。

◎ 把事前备好的芝麻、花生（碾碎）、椰蓉、白糖馅撒在熟薄撑表面，卷成筒形切件售卖或食用。

腐皮卷

素腐皮卷 养生

仙衣素裹菌菇香
清淡養生適淺嘗
假日遠離都市地
篱笆竹下訴衷腸

何世尧题书

【诗意】

腐皮卷多以菇菌为馅，是清淡、养生的素食点心。若有闲之日，在远离都市吵闹与空气污染之地，如乡间篱笆的竹下品尝，则会休闲而舒适。

诗赏析

诗中前后两句遥相呼应，绘声绘色，恰如诗中有画，画中有诗，具有无穷韵味。前两句浅析腐皮卷为素料之美食，清淡可口，养生保健。后两句使人联想到在乡间度假的清闲生活。

腐皮卷原名鲜竹卷，是酒楼茶馆中的名点，因皮滑香软、可口且味纯而深受食客喜爱，可荤可素。现改配以菇菌做馅，以素食示人，更显风味清纯，突出其清香、软滑、可口、养生的特点，深受白领一族喜爱。

用料配方

皮：鲜腐皮。

馅：可用各种菇菌类，如鸡腿菇、金针菇、木耳、熟面筋、胡萝卜等，也可用菇、菌类搭配。

制作方法

◎ 先把鲜腐皮切成三角形，用180℃油温炸过备用。

◎ 各类素料均切成丝状，用水滚过备用。

◎ 馅的调味料如下：

精盐1钱（5克）、白糖2钱（10克）、味精1钱（5克）、麻油3分（1.5克）、胡椒粉3分（1.5克）、蚝油5钱（25克）、生粉4钱（20克）

◎ 炒馅：用猛火起锅，放入原料，蘸酒，加调味料，加入清水约1.5两（75克）开成粉水勾芡，加少量尾油起锅。

◎ 馅稍放凉后，用炸过的腐皮包上馅，呈中长条状装碟入蒸笼，蒸前加入少量蚝油芡在面上。

◎ 如选用上乘“鼎湖上素”做馅风味会更佳，也可用名贵黑松露菌做馅，则绝佳。

葱油饼

葱油餅～飄香

葱油作餅與燒同
奇味飄移蕩迪串
未熟已聞芳四溢
出爐酥化倍香濃

何世尧题书

【诗意】

葱油饼与烧饼制作方法基本相同，葱味香浓而酥化就是葱油饼的精髓。

诗赏析

此诗主题明晰，直截了当，令人读后就知道葱油饼的美妙所在，『出炉酥化倍香浓』！好像出炉的饼就在你眼前，香气扑鼻，令人垂涎欲滴。全诗文笔细腻，对仗工整，语言浅显，读来朗朗上口。

葱油饼是北方名点，广州流花宾馆聘请北方名师制作，凭此饼参赛屡获殊荣。葱油饼以其特有的酥松葱香而脍炙人口。

用料配方

高筋面粉1斤（500克）、精盐2钱（10克）、白糖5钱（25克）、味精1钱（5克）、鸡粉1钱（5克）、葱白2两（100克）、肥肉蓉3两（150克）、火腿蓉1两（50克）、50℃热水7两（350克）

制作方法

◎ 高筋面粉筛过开窝，放进精盐、白糖、味精，用50℃热水加入面窝内拌匀成软面团。

◎ 把面团用手捏开，用木棍开薄（如印度飞饼状），越薄越佳，以不穿皮为准，抹上猪油或肥肉蓉、葱白、火腿蓉，边抹边撒边卷成圆筒状后分别压扁，并用酥棍开平呈圆扁状。

◎ 也可个别开，如开水油皮细酥开法，边开边拉薄后，卷成筒状压至扁形。

◎ 用300℃炉温，入炉前在每件饼面上淋葱生油（用干葱头炸过的葱油）约3钱（15克），烤的过程中要将饼翻转2～3次至熟。

制作关键

面粉一定要用高筋面粉，手法要熟练，以薄而不破的面皮才能达到成品香脆，要有一定功底才能达到此效果。

流沙包

流沙包乃甜飽王
滋味濃香梦未忘
細品防傷腕及背
淺嘗方可保安康

流沙包～甜包之王

何世晃

【诗意】

甜包之中，流沙包是首屈一指的名点，其馅料香浓而湿润，品尝时要提防热馅溢出而伤及手、腕及颈背，应细细品尝。

诗赏析

流沙包很受人们的喜爱，其馅料香而滑，色鲜美，汁湿润。

民间吃流沙包烫伤背部的说法为人们津津乐道，全诗刻画细致，意味深长，想象非凡，含义深刻，表现出作者的专业品位。

用料配方

由于酵母使用方便，现在中式甜包点一般不爆口，包子均使用酵母包皮制作。

❶ 皮的用料配方

低筋面粉1斤（500克）、酵母7分～1钱（3.5克～5克）、淡奶2两（100克）、细白糖2两（100克）、清水3两（150克）

❷ 馅的用料配方

熟咸蛋黄1斤（500克）、细白糖1斤（500克）、吉士粉6钱（30克）、靓粟粉6钱（30克）、奶粉1两（50克）、椰浆2两（100克）、淡忌廉1两（50克）、黄牛油4两（200克）

制作方法

◎ 将低筋面粉筛过开窝，加入酵母、淡奶、细白糖、清水拌匀，揉透，用压面机反复压面，放置半小时再复压，便可分件制作包子。

◎ 把熟咸蛋黄压烂，与其余原料拌匀，最后加入黄油，放入冰柜冻成型后便成流沙包馅，用刀切粒分件，稍搓圆，皮与馅的比例为6.5：3.5。包皮压薄包入馅，光面向上收口向下。

◎ 上包底纸，放置二三十分钟，发酵后用猛火蒸包。

制作关键

（1）搓皮要看天气，夏天少放点酵母，冬天多放点酵母，并且要用温水和面。

（2）包子包好后，一定要稍放置发酵，冬天放置30分钟，夏天放置15分钟。

（3）蒸包时，不能过火，否则会爆馅。

馅儿饼

馅儿饼精小味鲜美，其烹制方法是半烤半煎。这款美点是满汉全席中的席上点，当今在酒楼也可品尝。

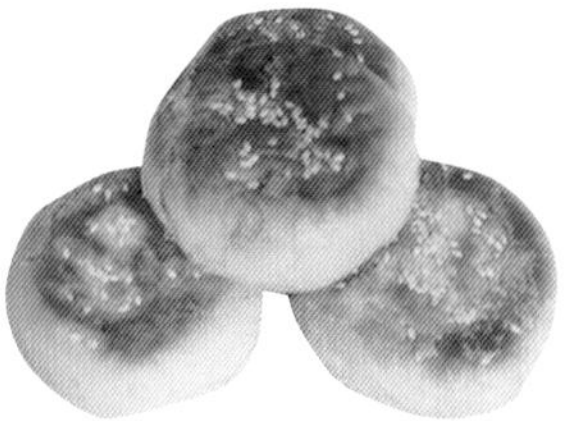

诗赏析

本诗言简意赅，内涵深刻，淳朴自然。大有『旧时王谢堂前燕，飞入寻常百姓家』之感。如此精美小饼，人们可随意享用。

馅儿饼由满汉全席中的小形饼得名。在制作上与北方烧饼大致相同，饼皮以水油酥皮为主，传入广东后配上熟肉馅，淋油烘烤而成。

用料配方

❶ 皮的用料配方

中筋面粉1斤（500克）、猪油3两（150克）、白糖 1 两（50克）、面种2两（100克）、清水3.5两（175克）、枧水5分（2.5克）

❷ 酥心的用料配方

面粉1斤（500克）、猪油5两（250克）

制作方法

◎ 先将面种与枧水混合揉匀。

◎ 将中筋面粉过筛开面窝，放入猪油、白糖、清水拌匀至白糖溶解，再加入上述面种，揉至顺滑便成水皮。

◎ 用1斤（500克）面粉混合5两（250克）猪油揉匀成酥心。

◎ 用水皮6钱（30克）包上酥心4钱（20克），开细酥包入约6钱（30克）肉粒熟馅（也可加入高档海鲜、八珍馅等），呈扁鼓状。

◎ 烘烤：把包制好的饼放置在扫有薄油的盘中，每个饼面先洒水粘白芝麻，放在盘中再放凝固猪油约3钱（15克）于饼面上，入炉，用180℃的炉温烘烤，让固体猪油慢慢溶解于整个饼面中。约8分钟底部着色翻转再烘烤约8分钟至饼熟出炉。

特点：皮香酥松，层次分明，甘香可口。

艇仔粥

荔灣涌上穿梭忙
艇女頻艇呼粥香
選料多為小艇樣
群蹲涌畔爭先嘗

艇仔粥——爭嘗

何世堯並書

【诗意】

荔湾涌上小艇如梭，艇上的姑娘在叫卖艇仔粥，艇仔粥的原料（鱼片、浮皮、开边花生、猪肚等）近似艇仔，食客在河边争相品尝此粥。

诗赏析

此诗主题鲜明，简练明快，以景入诗，笔调动人，堪称隽永的佳作。

粥在粤点中占有相当重要的地位。要煲艇仔粥，一定要煲好白粥底。

白粥底

用料配方

优质粘米8两（400克）、糯米1两（50克）、香米1两（50克）、猪油2两（100克）、清水20斤（10千克）

制作方法

把所有米混合后洗净，沥干水分，加猪油搅拌均匀，用最猛火烧至水沸时下米煲2.5小时以上（前1.5小时用大火，后1小时可改用中大火，忌用小火），务求整个煲粥过程都处于明火状态。粥煲好后，米粒化胶，米水交融，食粥过程均无“生水”（米、水不交融），才能算得上是合格的明火白粥。

制作关键

（1）米要搭配好，除优质粘米外，可搭配部分香米和糯米。

（2）要放足猪油，油越足，粥越绵，油全部融于粥水中而不觉油腻。猪肉类或生滚粥类粥底，煲时可适当加入细猪骨。

（3）明火是关键，无明火就无好粥可言。

艇仔粥

用料配方

猪细骨（煲肉类粥底用）、鲩鱼肉、浮皮、干鱿鱼、海蜇、熟猪肚、火鸭、鸡蛋丝、炸开边花生、姜丝、胡椒粉、熟生油。

制作方法

◎ 浮皮用水泡软，用枧水去油腥味，炖软，切成细丝。

◎ 海蜇浸泡，去尽沙粒，猪肚洗净并煲熟，干鱿鱼泡发，洗净，火鸭去骨切成丝，鸡蛋煎成薄蛋片并切成粗丝状，花生炸过开边，鲩鱼切成薄片，用熟生油拌过备用。

◎ 先把鲩鱼片放在碗底，把腐皮、鱿鱼丝、海蜇、猪肚丝放进锅中稍煮，最后加入鸡蛋丝、火鸭丝、姜丝拌匀，倒入碗中，面上放入葱花、胡椒粉、炸花生。到此，一碗标准的艇仔粥便告完成。

由于以上原材料煲熟后均呈小艇状，故称艇仔粥。

降火咸瘦肉粥

用料配方

瘦肉、皮蛋、靓陈皮。

制作方法

◎ 瘦肉切成大方块（约5立方厘米方丁），多放些精盐腌，然后放置过夜。

◎ 煲粥前，把腌好的瘦肉用清水洗净，加入靓陈皮和清水用中火煲1小时，离火后撕成瘦肉丝备用。

◎ 煲粥用的米洗净，沥干水，每1斤米（500克）加入皮蛋2个，捣烂后与米拌匀腌半小时，用开水下米煲粥。

◎ 其他煲粥要领和用水比例与煲明火白粥相同。

◎ 瘦肉丝是吃粥前才分放在碗中同粥一起上的，这是广州最传统的皮蛋瘦肉粥的制法。

像生白玫瑰

四開玫瑰卯時春
玫白眼前繞亂真
閱目賞心留倩影
名花難捨栩如生

像生白玫瑰〈如鲜

何世晃

【诗意】

玫瑰花四季盛开，眼前的美点像白玫瑰，栩栩如生，让人赏心悦目。

诗赏析

全诗形容得当，对仗工整，结构严谨，自然流畅。

白玫瑰是作者的徒弟代表广东队参加全国第二届烹饪大赛时获得五块金牌的作品，团体得分最高。其形象逼真，可食可赏，工艺也不复杂，全靠自身天然色调协调取胜，且在装盘衬托上，色调和谐，整个花朵给人感觉纯洁、清爽、亮丽。

用料配方

❶皮的用料配方

叉烧包面皮1斤（500克）、熟澄面1.2两（60克）、枧水少量

❷馅的用料配方

以白莲蓉或靓豆沙为主。

制作方法

◎ 把制好的叉烧包面皮1斤（500克）加入凉的熟澄面1.2两（60克），兑入少量枧水，再揉匀稍放置。

◎ 把面皮分好，每朵花花瓣由5件面皮组成，每件1.5钱（7.5克），花心包馅，皮2钱（10克），包上2钱（10克）馅，制成花蕾状，然后分别将每件约1.5钱（7.5克）的小块面团，用掌心和指头压成花瓣形，用蛋清粘在花蕾边上，使之呈玫瑰花状，稍放置后用猛火蒸3～4分钟，熟透出笼。其花叶可用少量绿茶粉或菠菜汁加入面皮中搓匀制成，一同蒸熟。

制作关键

加入熟澄面的作用：

（1）使成品熟后不变样。

（2）熟后的面团更洁白、爽口，弹性更足，是蒸制象形点心的最佳搭配。

【诗意】羊奶脆布丁是创新点心，在布丁的基础上，体现出奇特的构思，工艺与名字都巧夺天工，这款美点夺得世界烹饪大赛特金奖，深得评委好评。

羊奶脆布丁

羊奶脆布句 高中

構思奇特若嬋娟
工蓺冠名巧奪天
況此全球迎大考
高中榜首凱歌旋

何世尧 书

诗赏析

此诗对仗工整，结构严谨，写得有声有色而不落俗套，衬托出这款金牌美点的风采。全诗意境开阔，气韵生动，确是一首好诗。

此品特点是外脆内嫩，羊奶清香，风味无穷。此美点是作者为其徒弟量身定做，并获得第四届世界烹饪大赛特金奖的作品。该点心以羊食为主，在整个构思上以羊奶为主料，脆软结合，用香脆、纹理独特的皮卷入嫩滑羊奶，并用紫菜卷做木筏，色调对比强烈，一旁的母羊站立在草地上，小羊跪着吸乳，整个画面和谐温馨，可以说是一款令人食指大动的美点，也是一件艺术佳品。

用料配方

❶皮的用料配方

羊奶脆布丁皮的用料配方可同春卷皮配方。

❷馅的用料配方

优质鱼胶粉1两（50克）、鲜羊奶1斤（500克）、清水1斤（500克）、冰糖3两（150克）

制作方法

◎ 优质鱼胶粉用清水溶解，加入冰糖，用慢火边煮边搅拌，水沸后加入鲜羊奶同煮，至稍沸即离火，晾凉后冷藏备用。

◎ 将春卷切成约8厘米×8厘米的方件形，每件对折，4～5件叠在一起用锋利桑刀斜切，注意只切至立面八成深，不要切断。

◎ 切好后的春卷每两块一起卷进一个特制的不锈钢小圆管内，用蛋清粘口（钢筒要比面皮稍长），用若干个特制三角移动钢叉钩着钢管两端，放入150℃热油中炸约1分钟后，稍加大油温起锅，稍微放凉后使脆皮脱离钢管。

◎ 用一个磨锋利口的钢管插入冻羊奶布丁内，用小木棍顶入脆皮筒心，小圆木条比钢管稍小。

特点：皮脆，馅心嫩滑，色香味俱全，四季可尝。

炸香蕉

脱去衣衫換錦袍
心藏甘菓裡松酥
薄皮封密瞬為炸
老樹新芽枝更牢

炸香蕉之換錦

何世晃题书

【诗意】

炸香蕉在美点中并不常见，但仍是奇特而优质的佳品。香蕉去皮后经过处理，以薄浆封住而炸之，口感极佳，香脆且软滑。

诗赏析

此诗道出炸香蕉之制作真谛：去衣衫，换锦袍，藏甘果，瞬为炸，一气呵成，写得真实而生动，前呼后应，令人回味！

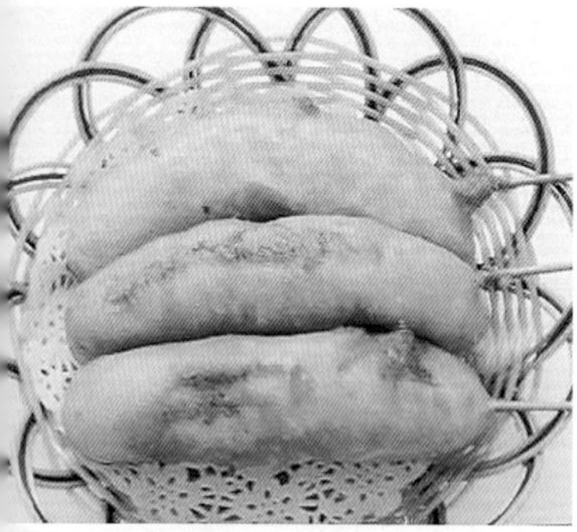

用料配方　低筋面粉1斤（500克）、净鸡蛋3两（150克）、白糖1.5两（75克）、泡打粉2.5钱（1.25克）、清水1.2斤（600克）

制作方法

◎ 香蕉去皮后切去头、尾，将中段分成约4厘米厚的若干小件。

◎ 用筷子把中央蕉心捅出。

◎ 把炸过的干果酿入蕉块中空处备用（干果：核桃仁、腰果仁、花生仁均可）。

沸打浆制法

◎ 把低筋面粉筛过，和白糖、泡打粉拌匀，用盆盛载。

◎ 放入净鸡蛋，将清水徐徐倒入，边拌边加水至均匀不起粉粒，呈可挂粉浆。

◎ 把已酿好的蕉块放进粉浆中，然后用150℃的中油温将挂满粉浆的香蕉块炸约1分钟起锅。

制作关键

（1）开粉浆要慢下水，不停搅拌，才能不起粉粒。

（2）粉浆不宜过稀或过稠，能挂满蕉块表面并有粉浆下坠即可。

（3）切忌旺火，炸熟面浆表皮即可离锅，否则蕉块变酸。

（4）也可跟少量炼奶佐食，别有风味。

（5）蕉块可包着熟糯浆皮炸，有另一番口感。

精品奶

來自沙湾順德中
清脂水乳互安融
雙皮巧手成佳絕
羌撞瞬間梦幻功

精品奶～一绝

何世尧 敬书

【诗意】

双皮奶和姜撞奶两者均被评为『中华名小吃』。前者产自顺德大良，后者产自番禺沙湾，均由优质水牛奶制成，各具特色，各领风骚，堪称奶中精品。

诗赏析

全诗以大良名产和沙湾名产水牛奶为主角，遥相呼应，绘声绘色，将中华名小吃两款之奥秘和盘托出。双皮奶与姜撞奶堪称甜品中的『绝代双娇』，确实是要展示真功夫才能成为一绝！此诗文笔潇洒自如、气韵动人。

用料配方

❶姜撞奶

水牛奶或全脂奶5两（250克）、白糖4钱（20克）、老姜汁或黄姜汁2~3钱（10~15克）

❷双皮奶

水牛奶或全脂奶1斤（500克）、鸡蛋清2两（100克）、白砂糖1两（50克）

制作方法

姜撞奶制作方法

◎ 用老姜或黄姜去皮磨成姜蓉，用纱布扭出姜汁。

◎ 把姜汁分放各小碗内备用。

◎ 白糖与奶混合煮至微沸，稍晾凉至70~80℃，徐徐倒入姜汁碗内，约过10分钟凝固便成。

制作关键

（1）姜一定要选老姜，首选是黄姜。

（2）姜汁可稍多，结合口味下量。

（3）奶在70~80℃时倒入，净置期不能搅拌，否则会化水。

双皮奶制作方法

（1）中慢火把奶煮微沸分别倒进已备小碗内，约15分钟至表面凝结。

（2）用牙签把表面已凝固的牛奶在小碗边缘划破倒出奶水（此时表面奶皮已留碗底）。

（3）奶水倒出后加入鸡蛋清、白糖拌匀，徐徐放回留有奶皮的碗内入炉蒸炖。

（4）先中火炖至表面基本凝固，再用慢火炖约15分钟（若以每碗重量为200克计算）便可出炉。鉴别是否煮熟，出炉时把牙签插至奶碗中央而不倾斜便熟了。

制作关键

（1）最好选水牛奶，因味道特别清香。

（2）制作不能操之过急，要按部就班，煮奶、晾凉、穿皮、重放，每一步都要严格掌握好。

（3）煮奶切忌过沸，否则奶脂结块，全部失败。

濑粉

瀨粉～白龙

宛如暴雨洒潭中
雲霧瞬間現白龍
陋室名樓齊讚美
莞城鵝瀨敢稱雄

何去罢

【诗意】

濑粉原为民间所爱之小吃。以粘米粉开稀而『濑之』。下锅时似暴雨般，一条条恰似白龙。当今酒楼茶市多有此品，而珠三角之东莞首创的『烧鹅濑粉』更是称霸一方。

诗赏析

此诗短短四句，将濑粉的形格、制法、特点、创新形容得当，刻画得入木三分，比喻恰当，意境无穷，体现出作者的生花妙笔与超群技艺！

用料配方 水磨粘米粉1斤（500克）、清水6两（300克）、沸水6两（300克）

制作方法

◎ 水磨粘米粉用清水浸发一小时，使水分能浸透粉心。

◎ 用大滚水撞入已经浸发好的粉浆内，并迅速拌匀，使粉浆受烫呈黏糊状。

◎ 大锅烧开水，把粉浆放进带孔筛内令粉浆流入沸水锅并煮熟，捞起过冷水后沥干，制成濑粉备用。含水量要视粘米粉的干湿度而定，适量增减。用石磨将米磨成干浆效果更佳。

◎ 有了濑粉便可根据各地风俗而配制出不同的风味。

广东各地：

东莞，烧鹅濑粉是强项。

高明，偏重用鸡蛋丝、鱼饼丝、萝卜干等搭配。

中山，偏重用冬菇、虾米、肉丝、猪油渣等配料。

制作关键

无论任何风味濑粉，一定要有猪大骨汤底和葱花及炸香芝麻洒面，才能成为一款完美的地方小吃。

金钱鸡夹

金衣映翠串烧連
口感無鷄胜自然
甘嫩豐腴香滿頰
惹來彩蝶撲金钱

金钱鷄夹～串连

何世晃竝书

【诗意】

『金钱鸡夹』是传统点心品种，属怀旧点心。当今已不多见，其风味独特，别树一帜，是把烧腊部的金钱鸡用发面为皮夹之。虽无鸡肉犹胜鸡肉。因把发面皮制成小蝴蝶状，故有『彩蝶金钱鸡』之称。

诗赏析

此诗以景抒情，画中有诗，诗中含画，语言流畅，夸张浪漫，使作品熠熠生辉。

用料配方

肥肉头4两（200克）、瘦肉3两（150克）、猪肝（或鹅肝）1两（50克）、精盐1钱（5克）、白糖2钱（10克）、味精和鸡精各3分（15克）、生抽1.5钱（7.5克）、鸡蛋黄1个、曲酒1.2钱（6克）

制作方法

◎ 把肥肉头、瘦肉、猪肝（或鹅肝）分别用刀切成4厘米圆形、厚度约为2毫米的圆薄件。

◎ 用玫瑰露酒或曲酒先腌肥肉头1小时，瘦肉、猪肝用调味料拌匀。

◎ 已腌好的材料用铁叉穿上，先穿上瘦肉，再穿上猪肝，最后穿上肥肉头。

◎ 将穿好的原料放入烤炉，用250℃炉温烤约20分钟至熟。

◎ 出炉淋麦芽糖浆，晾干后可拆开，三件一叠上碟。

发面皮小蝴蝶的制作方法：

将叉烧包的包皮分成若干小粒，每粒重约2.5钱（12.5克，叉烧包皮做法见“叉烧包”），要开成椭圆形的薄块，扫上薄油对折，呈半椭圆形，用刮刀在四面推四刀呈蝶状。表面一边放芫荽（香菜）叶，另一边放胡萝卜或咸蛋黄小片。蒸熟后和金钱鸡一起上碟。

四面推刀示范

关键：（1）烤金钱鸡过程中铁叉翻转使受热均匀。

（2）麦芽糖浆（麦芽糖与开水比例为3：1）开稀便可。

特点：该品种是传统名点，甘脆可口，可茶可酒，美食美色。

杨枝甘露

觀音大士洒楊枝
普渡衆生遍布施
東亜名食臨粤地
羊城傳播正當時

楊枝甘露～布施

何世尧施书

【诗意】

杨枝甘露是近年来从东南亚地区引入的甜点，滋味特殊，新一代年轻人尤为喜爱。

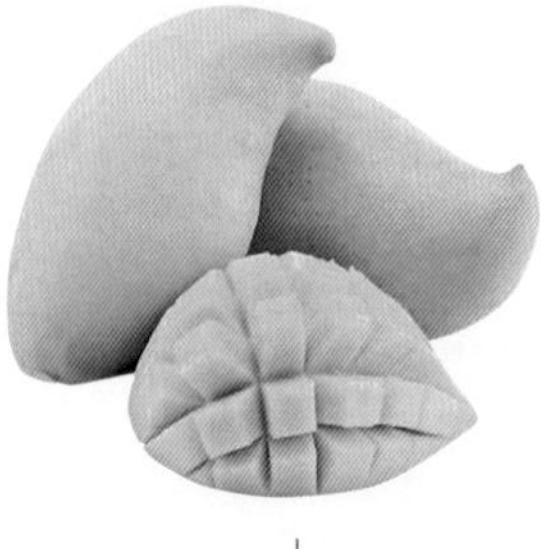

诗赏析

历史上人们信奉观音，观音大士以向人间遍洒杨枝甘露而惠及众生称著。由于杨枝甘露与此甜品称谓相同，作者把其融为一体表达，寓意深远，赞誉美食的同时更让人心领神会。好诗！

用料配方

杧果肉蓉2斤（1 000克）、淡忌廉75两（375克）、冰糖1斤（500克）、清水2斤（1 000克）、冰粒1.5斤（750克）

上席前加入：

柠檬汽水1瓶、蜜柚肉1斤（500克）、杧果肉1斤（500克）、熟西米1斤（500克）

制作方法

◎ 用清水煮溶冰糖，冷却备用。把杧果肉用搅拌机打烂。

◎ 把全部原料拌匀冷冻备用。上席或售卖前才加入蜜柚肉、杧果肉、熟西米，柚子肉以泰国蜜柚肉为佳。

制作关键

此品种是夏令冷冻佳品，千万要严格注意卫生和存放。

特点：清心凉冻、滋润可口，食后如久旱逢甘露，故有“杨枝甘露”之称。

砵仔糕

【诗意】

砵仔糕为小巧的精点小吃，尤得儿童喜爱，四季皆宜。改革春风更让砵仔糕吹遍南粤大地，为老少也受欢迎之佳品。

小巧精乖引稚痴
常青四季也當時
春風吹沸嶺南地
時尚叟童竟自私

砵仔糕～常青

何世晃竝書

诗赏析

前两句表达钵仔糕常年深受儿童喜爱，后两句表达当今砵仔糕多式多样，成为时尚的老少咸宜的美食。由于老者与孩童有共同喜好，由糕而结成知心好友。诗词表达引人入胜、妙趣横生，让人遐想老少同品砵仔糕的情境。

用料配方

水磨粘米粉6两（300克）、澄面粉2两（100克）、玉米淀粉2两（100克）、白糖7两（350克）、枧水1.5钱（75克）、清水2斤（1000克）

制作方法

◎ 水磨粘米粉加入清水1斤浸发1小时，然后加入澄面粉、玉米淀粉、枧水拌匀。

◎ 用剩余清水1斤与白糖同下锅，至白糖煮沸，倒入粉浆拌至稀糊状，离锅后放入已扫油的砵仔内猛火煮熟，售卖时用竹签穿食。

说明：上述是制作砵仔糕的基本用料，但可灵活多变。

例：①粉浆用料可灵活调配，可全用水磨粘米粉，或玉米淀粉、马蹄粉等。

②可加入红豆、浓缩果汁、鲜奶、炼奶、芝士粉、椰浆、可可等。

③可制作即食咸味砵仔糕，如加入虾米、冬菇、叉烧、萝卜干等。

总之，可视不同人群喜好，灵活变通，制作千变万化、老少咸宜的砵仔零食。

绿豆沙

绿豆沙～怡神

綠衣卸甲萬千重
果皮越陳香越濃
香草微添巧作衬
怡神心曠樂無窮

何世晃[illegible]书

【诗意】

煲绿豆沙时，豆沙不断离壳，加入越陈旧的果皮香味越浓，再加入少量臭草衬托，便成为一款品尝后使人心旷神怡的甜品了。

诗赏析

诗意表达夸张：去豆壳用卸甲万千来形容。配上旧陈皮、臭草，把绿豆沙这款甜品推向了一个更高的境界。品尝后当然能心旷神怡了。

全诗写法别致、内涵深远、意境无穷。

用料配方

绿豆1斤（500克）、清水20斤（10千克）、优质陈皮1钱（5克）、臭草5钱（25克）、红糖或冰片糖2斤（1 000克）

制作方法

◎ 绿豆洗净后浸泡1小时备用。

◎ 用有孔煲盖的砂煲或不锈钢锅烧开水，下绿豆、陈皮、臭草，用猛火煲约半小时，豆壳通过盖孔不断冒出，除净豆壳。

◎ 把陈皮取出剁成蓉，放回煲内改用中火煲约1小时至绿豆起沙，除去臭草，加入红糖或冰片糖便大功告成。

制作关键

（1）煲之前将绿豆浸泡后较容易脱壳，不要用陈旧绿豆，否则不容易起沙。

（2）不要用白糖，宜用红糖或冰片糖，否则会失去风味。

（3）选用有孔煲盖煲才容易除净豆壳。

大良蹦砂

崩砂蝴蝶亦難分
美食名城凭亂真
順势良師為巧改
輕紗妙曼更迷人

大良崩砂～乱真

何世晃 [illegible]书

【诗意】

蹦砂为顺德大良的传统驰名小食。相传『蹦砂』是蝴蝶中的一个品种，此品形似蝴蝶状。现今点心师把传统的含油过重的油制品配方改良，变得含油少又松化，形状也更为逼真。

诗赏析

诗中形容蹦砂似蝴蝶形状，栩栩如生几乎可乱真，通过名师高超的技艺，使蹦砂变得美食美色。全诗主题突出，用妙曼轻纱、翩翩起舞的少女比喻沥干油的蹦砂，诗意既含蓄而奔放，令人寻味。

用料配方

低筋面粉1斤（500克）、白糖4两（200克）、优质南乳8钱（40克）、食用油3钱（15克）、食粉5分（2.5克）、枧水1钱（5克）、清水2.5两（125克）

制作方法

◎ 低筋面粉过筛开面窝，把上述原料放入面窝中，待南乳搓烂、白糖溶解后，叠成面团。

◎ 把面团开薄成长条，再开至约4厘米薄，扫油卷成筒状，切件，每件呈约4厘米片状，将四件捏住一端使之呈蝴蝶形，排放在特定的平底笊篱内，用150℃油温炸约2分钟，再加大油温起锅。

制作关键

（1）水分视面粉干湿程度稍作增减。

（2）严格控制油温，火过小，成品松散；火过旺，易焦黑。

（3）起锅前约10秒钟加大油温，成品色泽才能鲜明不含油。

（4） 晾凉后才能离笊篱，否则软身易碎。

梳乎厘

【诗意】

梳乎厘是西式传统名点，用鸡蛋清打起泡沫后加入白糖烘制而成。此点以鸡蛋清为主料，通过不断搅拌，烘后呈微焦黄色，而成美味甜点。

鳳兒卸下腹中凰
天際傲游氣宇昂
落葉狂風飛舞送
白雲深處現朝陽

梳乎厘一氣昂

何世晃並書

诗赏析

全诗一气呵成，比喻生动又真实，以鸡蛋去了蛋黄做构思，巧妙。把搅拌蛋清成泡而以狂风归落叶比喻，把熟后呈焦黄色比作朝阳。环环相扣，出神入化，文笔潇洒，读后让人会心一笑。

用料配方

❶配方一

鸡蛋清5两（250克）、白糖2～4两（100～200克）

❷配方二

鸡蛋清5两（250克）、白糖2～4两（100～200克）、鸡蛋黄1两（50克）

制作方法

◎ 鸡蛋清与鸡蛋黄分离，蛋清放入干净的打蛋机内，边搅拌边下白糖，至白糖完全溶解，蛋泡挺拔结实。

◎ 把蛋泡放入特定的盒子中抹平，用180℃炉温烤至表面呈微焦黄色便可出炉。

◎ 另一种方法是用配方二，起蛋泡后把蛋黄拌匀加入才烤。

制作关键

（1）分离鸡蛋清时要除净鸡蛋黄，否则影响打发蛋泡。

（2）边搅拌边下白糖，至白糖完全溶解、蛋泡挺拔。

（3）火候以中火为宜，慢火，成品易塌陷；火过旺，易焦黑。

（4）若成品高度在5厘米以内，可用喷枪处理至表面微焦。

（5）白糖分量按口味可适量增减。

特点：香醇嫩滑、口感清新，是西式传统名食。

像生梨

像生雪梨～難辨

原來土豆出荷蘭
域外洋人作主餐
難辨像生真與假
華筵席上敢高攀

何世堯題書

【诗意】

像生梨是象生点心系列之一，形象逼真可爱，其主料是马铃薯（即土豆，又称薯仔）。西方人以其为主食，点心师以其成蓉，配以辅料，制成雪梨状点心。

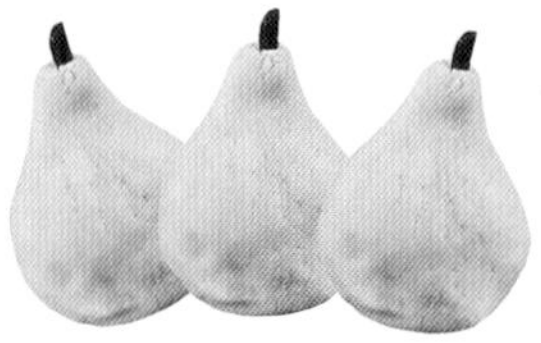

诗赏析

作者构思巧妙，语言简练而达意，让读者充分理解栩栩如生的象生点心的真谛。

用料配方　马铃薯1斤（500克）、澄面粉2两（100克）、熟咸蛋黄1两（50克）、精盐1.5钱（7.5克）、白糖3钱（15克）、味精和鸡精各5分（2.5克）、胡椒粉1钱（5克）

制作方法

◎ 将马铃薯蒸熟，去皮压烂成薯蓉。

◎ 加入上述全部原材料，搓匀便成马铃薯蓉皮。

◎ 熟火腿切成牙签状做蒂用。

◎ 把马铃薯蓉皮分成若干粒，每粒重约5钱（25克），包上芋角馅3钱（15克），用手捏成梨形的半成品。

◎ 把半成品排放在平底笊篱中，用170℃油温炸约2分钟起锅便成（起锅后再插上火腿做蒂）。

制作关键

（1）要选用含淀粉高的马铃薯，否则“生水”（米、水不交融），成品走样。

（2）炸后才插上蒂，否则易折断。

（3）若包莲蓉、奶皇、豆沙等甜馅，则搓皮时减去咸味料部分。

（4）起锅前加大火温，成品才鲜明。

什菜饼

雜菜餅～自豪

青青百葉共溶爐
集腋成裘我自豪
勤鉆銘思能啓竅
小家碧玉胜英模

何世堯並書

【诗意】

新潮美点什菜饼乃集合青青的诸种蔬菜叶做主料精制而成，经点心师的勤奋钻研变通，创新为时尚保健美食。尽管是『小家碧玉』的普通之料，但远胜于他品也！

诗赏析

此诗主题突出，把本要作废料的诸种菜叶集合起来比作『集腋成裘』。师傅们开动脑筋，变废为宝，此点比起要用名贵原料才能制出的美食有天渊之别。此诗突出歌颂名师风范，文笔潇洒自如，比喻恰当，抒发情怀。

用料配方 什菜叶1斤（500克）、肉胶4两（200克）、生粉5钱（25克）、精盐6分（3克）、鸡精5分（2.5克）、白糖2钱（10克）、味精5分（25克）、胡椒粉5分（25克）、麻油少许、粗面包糠适量

制作方法

◎ 把厨部各种下脚菜叶全部收集，洗净，用大开水熨软，漂冻沥干水，切成粗丝。

◎ 把切好的菜丝与上述用料拌匀（肉胶可以是牛肉胶、猪肉胶、鱼肉胶等）。

◎ 把菜肉馅每个分成约1两，再制成扁形饼状，上笼蒸熟。

◎ 稍晾凉后在每个菜饼底面扫上蛋浆（蛋浆：1斤净鸡蛋加1.5两面粉拌成），粘上面包糠，排放在笊篱上，用200℃以上高油温炸约15秒起锅。

制作关键

（1）菜叶彻底洗净防止有沙粒。

（2）蒸时防过火，否则身松散。

（3）炸时掌握好火候，要高油温，时间短。

特点：变废为宝，表皮甘香，内饱含汁液，新潮，健康可口。

芝士番薯

地瓜入粵喚番茨
芝士微添風味殊
往昔祗供禽畜飼
今朝健體正逢時

芝士焗番茨～律体

何世晃拉书

【诗意】

芝士番薯为粗料精制的美点，融会中西之制法，为时尚的营养美点。番薯又称『地瓜』（南粤人称番薯）。西方将芝士称为『奶酪』，与番薯配之香浓可口。昔日番薯乃六畜之饲料，而今以保健美点荣登大雅之堂。

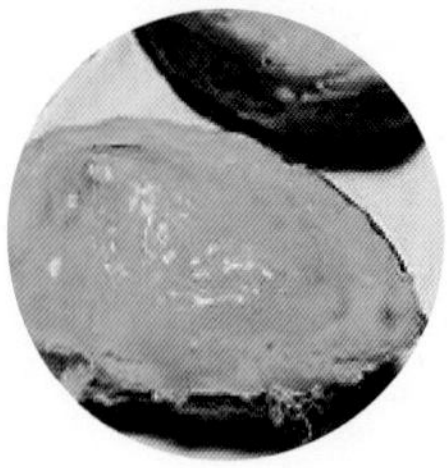

诗赏析

全诗赞美『芝士番薯』之美味与养生。作者以细腻、质朴的手法，把原本是饲料的番薯推上了大雅之堂，并推崇人们多食粗粮保健。通俗得体，令人心领神会。

用料配方

优质番薯1斤（500克）、芝士粉5钱（25克）

制作方法

◎ 选优质糖心或紫心并呈椭圆状的番薯，洗净后对半切开。

◎ 把切开边的番薯连皮蒸至九成熟，在切口表面撒满芝士粉，入烤炉焗至熟，芝士粉在番薯表面溶解并呈金黄色后出炉。（食用时用小勺挖食）

另一种制法：把淀粉含量高的番薯去皮蒸熟，压烂成蓉，并适量混入黄油、芝士粉搓匀放在批盏等容器内。表面再涂上蛋泡液（做法见“梳乎厘”），喷上“花纹”烤熟食用也可。

制作关键

前者一定要选用糖心番薯，后者应选淀粉高的番薯。

生炒糯米饭

【诗意】

糯米饭为隆冬的佳品，以蒸制为主，水分适中，颗粒如珠，口感纯美。而以炒代蒸是大师傅逆向思维（创新理念）的佳作，为点心的创新而工出于勤，可赞！

如珠顆粒細分明
逆向思維炒代蒸
口饞却忘腹早飽
勤耕定就創功成

生炒糯米飯～逆向

何世晃题书

诗赏析

诗中意境开阔，写法别致，直入主题，既质朴又富有内涵，鼓励点心师傅业精于勤，多想点新理念，创制新品种，奉献于宾客！

用料配方

糯米2斤（1 000克）、叉烧3两（150克）、虾肉3两（150克）、腊味5两（250克）、虾米1两（50克）、炸果仁2两（100克）、猪油1.5两（75克）、精盐2钱（10克）、白糖6钱（30克）、鸡精3钱（15克）、生抽3钱（15克）、绍酒3钱（15克）、胡椒粉5分（2.5克）、上汤5两（250克）

制作方法

◎ 配料中腊味蒸熟切粒，叉烧切粒，虾肉泡猪油，虾米浸发后用绍酒爆过备用。

◎ 炸果仁：腰果或榄仁、松子仁，用50℃热水漂洗，烤香备用。

◎ 糯米洗净，用盆盛载，加入沸水，用棒拌匀加盖约10分钟，再用清水洗去米表面胶质，滤干水分，摊开至米身干洁。

◎ 猛火烧红锅下油，放入浸发后的米，先大火后慢火，炒时分两次濽汤或水，加盖，下适量猪油至饭熟，放入全部调味料、配料炒匀，最后放入炸果仁起锅。

制作关键

不能下过量猪油及濽汤水，要勤炒，全神贯注，以不埋团、不起焦为准，起锅前可加入芫荽粒、葱粒。

品质要求：饭粒熟透，不粘连，软滑松爽，甘香味和。

脆皮百花盒

百花虾盒～争荣

龍胎宜獻百花成
玉潔冰肤皓齒明
面泛紅霞羞答答
惹來師衆互爭榮

何世晃拉书

【诗意】

虾在烹饪界素有『龙』的称谓，龙胎指的是虾肉，纯净、色鲜，制成虾胶馅（百花馅），熟后微带嫣红色泽，鲜爽味美，是海产类名贵食材。

诗赏析

此诗妙在通俗得体、流利健朗，将虾胶微红色泽形容为面泛红霞、羞答答的少女，令人垂爱而惹来师众只为一睹其芳容，读罢让人心领神会！

用料配方　虾肉1斤（500克）、肥肉头2两（100克）、鸡蛋清3钱（15克）、精盐1.5钱（7.5克）、白糖2钱（10克）、鸡精和味精各5分（共5克）、麻油5分（2.5克）、胡椒粉5分（2.5克）

制作方法

◎ 虾肉洗净，沥干水分，用刀背剁烂成蓉，肥肉头切成幼粒。

◎ 下盐，把虾蓉沿顺时针方向搅拌至起胶、粘手，加入肥肉头粒和其他调味料拌匀，入冰柜冷藏备用。

◎ 蛋清1斤（500克）加入靓生粉4两（200克）便成蛋白脆浆。

◎ 将从冰柜中取出的百花馅进行搅拌，分件捏成盒形，粘满蛋白脆浆后下锅用中油温炸至熟。

◎ 可用咸方包改成圆薄件做底面，中间夹虾胶炸。

制作关键

（1）虾胶保持低温冷藏，否则难保质。

（2）炸时只能用130～140℃油温浸炸，只有起锅前才能增加油温。

西米露

【诗意】

西米是晶莹通透、糯润而珠圆之品，可做糕点可成露（即糖水）。而宴席中的甜品『西米露』则可衬托其他出品，当你酒足饭饱之余，品尝一碗滋润甜糯的『香露』，舒怀暖胃，心旷神怡也！

慣作珠圓西米稱
晶瑩剔透亮而輕
鹹甜糕點喜爲露
筵後席間托衆星

西米甜品～托星

何世晃題書

诗赏析

此诗画龙点睛，语言流畅，主题明快而清新。

椰汁西米露

用料配方

优质西米3两（150克）、椰浆半罐、白糖4两（200克）、粟粉2两（100克）、清水2斤（1000克）

制作方法

◎ 用铁锅把清水煮沸，放入西米，用文火把西米煮熟（西米中心无白点），用清水漂冻，滤干水分。

◎ 用清水1斤、粟粉煮成粟粉水备用。

◎ 余下清水下锅，放入白糖、椰浆、熟西米煮沸，倒入粟粉水拌匀至冒气泡，起锅。

西米饼

用料配方

优质西米5两（250克）、白糖1.5两（75克）、生粉1.5两（75克）、猪油或牛油5钱（25克）

制作方法

◎ 用温水浸泡西米约5分钟，铺在干净的白布面上隔水蒸熟。

◎ 趁热倒入案台，加入白糖、生粉拌匀，然后放入猪油或牛油制成饼皮。

◎ 把每块饼皮包上各式甜馅：椰皇、豆蓉、奶皇等，制成饼形，再入蒸笼蒸约3分钟，稍晾凉，扫上熟生油便成。

制作关键

（1）选西米一定要选质优的，否则用水煮沸便会粘连呈糊状。

（2）西米露中可加入桂花糖、玫瑰糖、菊花糖，更别具风味。

上汤水饺

蕩漾金梳落滿盆
低垂綠柳伴妝前
海珍芽竹漣漪襯
湯饌近遺應續延

上湯水餃～近遺

何世晃詩書

【诗意】

本诗将上汤水饺比作金梳，其馅有竹笋、鲜虾在内。现在此品已不复见，应使此品得到延续。

诗赏析

此诗比喻贴切，作者把水饺比作金梳，菜远则比作绿柳。上汤水饺与云吞的不同之处在于加入了竹笋作衬托，口感更为鲜爽。如此美味的汤点不应遗失。诗人在赞叹之余，又祈盼该品种能延续。

用料配方

瘦肉5两（250克）、肥肉头1两（50克）、鲜虾肉1.5两（75克）、鲜笋1.5两（75克）、菜远5钱（25克）、冬菇5钱（25克）、鸡蛋黄1个、韭黄段适量

制作方法（馅）

◎ 将瘦肉、肥肉头分别切成5毫米的丁方粒，鲜虾肉洗净，沥干水分切段。

◎ 鲜笋切中丝，“飞水”后晾凉，挤干水分。贡菜、冬菇分别切细丝。

◎ 瘦肉和精盐盛盆内，搅拌至起胶粘手，再把其他配料投入拌匀，加入鸡蛋黄，再下生油便成。

◎ 把皮切成约7厘米的丁方件（皮的制法与云吞皮同），每件包上约3钱（15克）的馅，折叠成梳形。

◎ 先蒸水饺，再加汤，放菜远、韭黄段，也可用90℃沸水浸至水饺熟并浮起，捞起后放碗内，加入上汤。

煎堆

煎堆～古傳

祖先遠古已富便
軟脆空心各自圓
季節不同任喜好
擠耳名點巧週旋

何世堯並書

【诗意】

煎堆是民间小吃，历史悠久，流传至今。煎堆的品类繁多，可软可脆，但均是以圆体而生，现已成为人们喜爱之美点。

诗赏析

短短四句七绝，便将圆圆的煎堆家族介绍清楚。其中有嫁娶用的通心煎堆，有酒楼供应的麻薯煎堆，还有春节时食用的龙江煎堆和九江特产九江煎堆。此诗质朴真实、通俗易懂且不落俗套，主题突出、表达贴切！

龙江煎堆用料配方

❶皮的用料配方

水磨糯米粉1斤（500克）、白糖2.5两（125克）、清水6两（300克）

❷馅的用料配方

爆谷1斤（500克）、冰片糖1.6斤（800克）、麦芽糖2两（100克）、清水4两（200克）、炒花生仁2两（100克）、白芝麻2两（100克）

制作方法

皮:

◎ 水磨糯米粉3两（150克）加清水2两（100克）拌匀成粉团，用沸水煮成熟粉胚备用。

◎ 把余下7两（350克）水磨糯米粉开面窝，加入白糖，趁热将粉胚搓匀，便成煎堆皮。

馅:

◎ 把炒花生仁与爆谷混合备用。

◎ 将清水下锅，与冰片糖、麦芽糖同煮，用中慢火煮至糖起胶，拉离火位，将糖浆在爆谷上淋匀，拌匀，趁热揸成圆胚，用煎堆模夹夹紧备用。

◎ 煎堆皮压薄至约2毫米厚，包上爆谷圆胚。用喷壶喷水弄湿表面并粘上白芝麻。

◎ 锅中下油烧热至170℃，用笊篱不断筛转至金黄色，稍加大油温起锅。

制作关键

（1）开皮要厚薄均匀，包口完整密封。

（2）炼糖浆不宜过度搅拌，以免糖翻生。

（3）揸煎堆馅要备足人手，否则时间过长糖浆凝固便不能成团。

软皮煎堆仔用料配方

❶皮的用料配方

糯米粉1斤（500克）、清水7两（350克）

❷馅的用料配方

爆谷1斤（500克）、白糖1.2斤（600克）、糖椰丝3两（15克）、糖冬瓜2两（100克）、糖橘饼1.5两（75克）、凉开水2两（100克）

制作方法

◎ 将糖橘饼炖软，切碎呈米粒状，糖冬瓜切粒。

◎ 准备洁净盆一个，放入爆谷、白糖、糖椰丝、糖冬瓜和糖橘饼碎拌匀。

◎ 用喷壶把凉开水喷在混好的爆谷表面并拌匀，用干净的布盖住，静置20分钟。

◎ 把静置后的原料揸成比乒乓球稍大的球状煎堆胚备用。

◎ 将全部的糯米粉放入盆内，加清水拌成糊浆。

◎ 烧热油锅，待油温升至160℃，把揸好的煎堆胚放入糯米浆盆，粘浆后放入油锅炸约3分钟，加大油温起锅便成。

制作关键

（1）要掌握好糊浆的稀稠，煎堆胚粘糊浆后部分糊浆会下坠回盆，以煎堆胚不露爆谷馅为宜。

（2）严格掌握加大油温起锅的程度，否则煎堆会含油重、口感差。

栗子糕

栗子良鄉原野生
中華天賦學孫餐
人参媲美歸岐効
醫聖時珍贊食根

栗點～食根

何世晃並書

【诗意】

栗子是野生品种，是上天给予人们的美食。它的功效能与当归、黄芪和人参媲美。医圣李时珍赞誉其为食疗佳品。

诗赏析

短短四句为大家生动科普了栗子这一经济植物，其功效之广也被渲染。诗人论证得当、诗句主题突出，简易明了而贴切。

用料配方

❶咸糕

玉米淀粉1.5斤（750克）、清水3.5斤（1 750克）、腊味5两（250克）、枧水2勺（约30克）、鲜栗子肉2斤（1 000克）、猪油2两（100克）、虾米2两（100克）、味精1钱（5克）、鸡精1钱（5克）、白糖5钱（25克）、精盐3钱（15克）、胡椒粉1钱（5克）、麻油少许

❷甜糕

玉米淀粉2斤（1 000克）、冰糖1斤（500克）、清水4.5斤（2 250克）、枧水1两（50克）、鲜栗子肉2斤（1 000克）

制作方法

咸糕：

◎ 鲜栗子肉蒸熟切成碎粒，腊味蒸熟切碎，虾米浸发后用绍酒爆香备用。

◎ 用一半清水与玉米淀粉拌成粉浆，并把全部已加工的原材料与粉浆和匀。

◎ 将另一半清水煮沸，撞入粉浆拌成稀糊状，倒入已扫油的盆中，用旺火蒸约20分钟，熟透晾凉后切件煎售。

甜糕：

◎ 与咸糕操作一样（减去全部咸味料和腊味）。

◎ 用另一半清水先煮溶冰糖，再撞入粉浆蒸熟便可。

◎ 既可煎食，也可冻食。

◎ 可适量加入胡萝卜细丝，美食美色。

【诗意】

四句诗均赞美白粥。白粥本乃米水煮而已，是民间之亲和美食，无米便不能称粥，只是取巧之说。明火白粥细滑、黏稠、可口，对人们的健康也有益。广府人久病初愈必先食白粥清肠胃也。

明火白粥

明火白粥一体亭

粥乃强攻米始成
冠名無米起能稱
如珠潤澤食療倫
疾後淺嘗體自寧

何世晃並書

诗赏析

全诗一气呵成，比喻生动贴切，把『粥』字拆解成两个『弓』字夹着一个『米』字，而解作强攻，加上白粥要用旺火，用强攻比喻更显真实生动。而无米粥并非无米，只是把米渣隔离，留取粥水，真是一针见血。吃白粥，清肠胃，涤心灵，此言非虚。

用料配方

优质粘米8两（400克）、糯米1两（50克）、香米1两（50克）、猪油2两（100克）、清水20斤（10千克）

制作方法

把所有米混合后洗净，沥干水分，加猪油搅拌均匀，在最猛火、大沸水时下米煲2.5小时以上（前1.5小时用大火，后1小时可改用中火，忌用小火），务求整个煲粥过程都处于明火状态。粥煲好后，米粒成胶，米、水交融，吃粥过程中均没有发现“生水”（煲的时间不够，粥浆容易沉底，水、渣分离），才能算得上是合格的明火白粥。

制作关键

（1）米要搭配好，除新优质米外，搭配部分香米和糯米。

（2）要放足猪油，油越足，粥越绵，油全部融于粥水中而不感肥腻。猪肉类或生滚粥类粥底，煲时可适当加入细猪骨。

（3）明火是命脉，无明火就无靓粥可言。

点心宴席

傾城～點心宴～

嶺南群點滙萃凝
高座席筵閃爍星
細剁精雕嫣小巧
鹹甜到奉互相乘
像形傳統均衡配
蒸炸湯羹次遞呈
四季嚴挑時令品
奇葩粵點宴傾城

何世晃並書

【诗意】在花城点心发展至点心宴席，由零食升格为主食，其要求与菜肴宴席相同。上席的先后顺序和用料的挑选也要求严谨。粤菜、粤点是两朵粤馔奇葩，可谓倾国倾城。

诗赏析

诗词对点心宴席的工艺要求、上席顺序、深雕细刻的造工、适时选料等做深刻描述，将人们对点心宴席的认识提升到更高的境界。短短八句便把点心宴席表达得淋漓尽致，让人们深刻了解个中真谛。

点心宴席是指以多款点心按宴席的规格考虑安排。星期点心、宴席点心均是广州点心革新的产物，前者在20世纪30年代兴起，后者则在20世纪50年代初由广州大同酒家首创。

既然点心排成宴席，不可避免地要遵循宴席的规格来设计，比如宴席中有两个热荤先上席，相应的，点心宴席也应有两款精致小点先上。宴席有汤羹，而点心宴席也应有汤羹点心。点心宴席设计新颖、形体精细，善于选用不同季节的不同物料，使点心色彩搭配和谐，味觉组合多式多样，以咸为主，以甜为辅，一席点心之中要有煎、蒸、炸、烤、汤、冻等多种烹调加工的花式品种。盛载点心的器皿，要大小合宜、雅致，拼边、图案、衬托、摆设更要紧跟潮流，使品尝者既能大饱口福，又能宜赏心悦目，所谓“目食”享受。

下面分别列出春、夏、秋、冬四季不同点心宴席的菜单以供参考。愿点心宴席今后在行业中能逐渐发扬光大。

春

两精点：娥姐粉果、西施鲍鱼酥
松露鱼皮饺
雪网珍珠鸡
贵妃鸡包仔
蜂巢荔芋角
豪华艇仔粥
袖珍猪油饱
角凤腰豆糕
芝士雅台球
春季佳果盆

夏

两精点：海珍瓜珠饺、芙蓉海参饼
角蒸冬茸盏
瑶柱汤包仔
庭东鸡粒批
火鹅丝班戟
鱼子干蒸皇
椰皇荷叶角
春黄拌粒皮
葛仙西米露
夏令佳果盆

秋

两精点：四喜玉带饺、迷你腊味扎
玻璃虾云吞
凤叶田腿酥
秋芋茸鸡甫
彩蝶金钱夹
鸡肝煎萡饼
杭菊马蹄块
麒麟焗布甸
紫苏葛仙米
秋令佳果盆

冬

两精点：燕液窝小糕、菇焗鸡蚬角
金汤虎儿面
软粉百花盒
紫把鱼肚扎
鱼翅小笼包
云腿馅小饼
家住猪仔包
榄蓉梳乎厘
白雪映红梅
冬令佳果盆

附录一

点心馅：咸馅类的受味定理

点心咸馅分为“生咸馅”和“熟咸馅”两大类。它是根据各种点心的不同需求而区分的，部分点心必须使用生咸馅，而另一部分点心则必须使用熟咸馅。如餐包类、酥点类必须用熟咸馅，若使用了生咸馅，便会造成皮已熟但馅还是生的，等到馅已熟时皮已过硬、过火、变焦的情况。另外，人们在制作包子时大多数情况下使用生咸馅，因为包皮可与馅同步熟，且生咸馅熟后能溢出更多鲜汁液，与包子皮更协调，否则起不到同等效果。

由于点心品种类别繁多，馅心要求各异，丁、丝、粒、片馅类复杂，重复难记。唯一方法是把点心的咸馅进行“受味定理”处理。只要熟记一个公式，就可以一通百通。

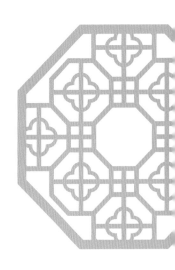

要怎样判断呢？当然是以广东人的味觉为准则。1斤肉类用味多少呢？因为馅一般都不是独立使用，而是带皮的，并会加入一定的水分，所以，1斤肉类可加2.5两的汤或水煮制（当然，会挥发一部分），调味为：精盐1.2钱，白糖2钱，鸡精、味精各5分，生抽1.5钱。如果将以上受味作为基础进行平衡，则可根据情况的不同而进行加减，如：主料1斤，要加入2两或4两马铃薯或洋葱的辅料，则可递增用2%～4%的调味料；如果加入5两马铃薯或洋葱，则可递增

5%的调味料。如果主料加水，如荷叶饭馅用汤或水5两，则用以下公式：增加水10%，调味料增加0.5%，所以，应加盐0.5%，即3分盐。辅料加10%，则盐、糖各加10%。加水10%，则加调味料5%，减水10%，则减调味料5%，如此类推便可。

如果加鲍汁或蚝油等有鲜味、咸味的调味料，则应适量加入几分糖，其味就能达到平衡、调和。广东人的口味与北方人不同，广东人的口味偏甜，可加入少量的糖，调出甜味，根据这个定理，可以灵活处理：①如果水增加，则粉芡递增；水少，则粉芡减少。②对于鱼类的馅料，则在原受味的基础上加10%的调味料，从而带出海产品的鲜味，这就是广东人所谓“咸鱼淡肉”的口味特征。有了以上的受味定理，我们便可应用在任何熟馅中。

至于点心的生咸馅，道理一样，与用水量有较大关系。例如，干蒸烧卖馅不含水分，排骨烧卖、生肉包馅含有一定水分，牛肉烧卖馅需要含有大量水分。处理的办法也是按每斤主料计，用盐1钱，糖1.8钱，鸡精、味精各5分，生抽1.5钱，如果加入水，则要根据比例递增调味料。

拌馅是点心部门的重要职责，伴馅者是部门的灵魂，他影响到整个茶市出品的口感、味道，影响到整个部门的经营管理，只有多花心思才能逐渐提高技能，通过不断摸索才能做好各项工作。

附录二

点心的加温方法剖析

点心的传统加温方法有六种：蒸、煎、炸、炕、水煮和焓，随着广式点心领域的不断扩大，六种加温方法已远远不能满足人们的需要。其实在日常点心制作中，有许多加温方法我们都在使用，如炒、煲、烧、炖、灼、焙等，在酒楼和茶市的明档中也常会见到。所以，这些方法也应纳入点心加温方法中。

现在我们来详细解释点心加温方法的奥秘所在。我们要通过最简单的道理，深入浅出地把加温方法讲清楚，使学习点心制作的人更容易掌握要领，制作点心的人能了解其奥秘。

蒸：这种方法在点心制作中最为关键，使用频率最高，过去的做法是将蒸笼放在水锅上进行蒸制，现在还包括蒸箱，但还是以蒸笼加温的方式居多。

蒸的点心，不管蒸笼或蒸箱，加上笼盖和关上蒸箱门后，水温或气温均会传导出大量的蒸气流，这些蒸气流进入点心半成品内，如包子或饺子，使半成品里的冷却气体排出直至排尽，当半成品的点心内部的温度和外部的温度一致，点心的成品便从生到熟。有时蒸的包或烧卖不够熟，为什么呢？就是体内的沸点和体外的沸点未一致，故不熟。因此，蒸的点心就是大量的水蒸气入侵该点心的内部，把点心里冷却的气流排出至尽，点心从生到熟，这是最基本的原理。

这个原理看似很简单，只是几句话，但其中包含了许多的道理。如蒸猪油包：猪油包要求起蟹盖。所谓“蟹盖猪油包”，为什么会起蟹盖呢？其实是做猪油包时面团的软硬程度要适当，蒸的过程也是面团在不断下坠的过程，当它微微向下坠时，炉里的火温便使面团的表面、底部开始糊化定型，在定型过程中，面团依然不断下坠，当面团下坠至腰部时，外面的面皮层已成熟，但大量冷却的面团还积聚在腰部。到最后，腰部的冷却气流排出，使中部爆开一个口，形成“蟹盖”。要做好蟹盖猪油包，应严格掌握面团的水分，500克的面团哪怕只是多了10克的水分，都会影响面团的泻度及下坠情况，也必然会影响“蟹盖”的形成。

例如，当师傅蒸灌汤饺时，到一定的时间会打开笼盖，看看灌汤饺的皮层是否涨如一个小球，如果汤饺的皮层向上隆胀，胀发的程度是汤饺半成品体积的一倍，即汤饺体内的沸点与体外的沸点一致，汤饺的内部完全受到外面热量的介入时，汤也达到了沸点，那么汤饺成熟。由于汤饺汤里的气体要排出，故汤饺成熟后要及时出笼，否则，再加温下去，汤饺皮会破裂，有经验的师傅会通过汤饺皮层膨胀的状态判断汤饺是否成熟。

又例如蒸肠粉，过去人们认为要让肠粉达到爽滑不粘牙的程度，就一定要用猛火加热，否则肠粉会又粘布又粘牙。其实这种说法不够全面。蒸肠粉需要使用猛火，但水温不能过高，气浪不能过大。为什么有的时候拉出来的肠粉会起“皱纹”？原因就是铺布倒入肠粉浆盖上盖后，米浆还没有糊化，水温过高，热浪掀起，未糊化的肠粉浆随肠粉布移动，肠粉未定型，布已皱，拉出来的肠粉必然也会出现皱纹，不但不美观，起皱的肠粉也必定不够爽滑。

通过这些例子，我们认识到，用不同的火温处理不同的品种是相当重要的。

煎：是指通过油和锅的热传递，让“生煎”点心由生到熟，让“熟煎”的点心达到表皮焦香，表里熟香。而人们往往忽视了，“煎”必须色泽分明，不管是“生煎”还是“熟煎”，最关键的是，在加温前要把容器彻底烧干净，去尽“咸气”，焗烧大热后，才下油进行加温，否则，锅不热，“咸气”未去尽，下油后，无论是加温什么品种的点心，都很快会粘锅。煎时要先煎好一面，再反转煎另一面。在煎的过程中，使用的油也很重要，严格来说，只要是曾经炸过东西的油，在煎制点心前，都要把油炸一次，把水分逼走，所煎的点心才容易着色，不容易粘锅，这些都是在煎时要注意的问题。

炸：是指通过油温的传递，使被炸的食物由生至熟的过程。炸不同品种的点心，要使用不同的油温。随着现在点心品种的增加，油温的变化范围也不断扩大，有的是在60℃时下锅，升温至220℃，如雪影红梅（即炸鸡蛋清）。因为这些点心含有一定量的淀粉，如果用太高的油温炸制，则成品会变得外收紧而内不熟。油温是炸制点心的关键：浸炸的油温一定不能够高于起锅时的油温，否则点心便会失去生命力。以往有“鲜明油器”的说法，即炸制的点心成品要“鲜明”，要达到这个效果，在浸炸时的油温不能高于起锅的油温，不论是春卷、芋角、咸煎饼，在起锅前10秒要提高油温，把成品里的油通过高温逼出来，就达到了“鲜明”的效果，相反，如果炸制的点心用180℃油温，在起锅前的10来秒，降低了油温，只有160℃，那么成品就会“含油”，行业内俗称“咬油”，吃时会感觉油多，则失败。所以，切记起锅的油温一定高于浸炸的油温。

还有，炸制食物前要记住烧干净锅，不能有“咸气”，再倒入油进行加温。这是从事炸制岗位人员的须知，特别是新人，一定要明白这个道理。

做点心时还需明白其形成的原理。例如蜂巢芋角，为什么能够起“蜂巢”，主要取决于成品的原料，现在不但芋角能起蜂巢，莲子、绿豆、花生甚至粉葛都可以炸出形式不同的蜂巢角。究其原因，我们使用的原料，不管莲子、花生还是豆类，都是富含淀粉的，当把这些含大量淀粉的成品蒸熟后，下锅炸时必然会松散，那怎么办呢？前辈们会加入一些烫熟的澄面。当成品受热时，植物的淀粉分离，澄面会起到黏合的作用，分离与黏合之间，达到疏松状态，犹如拔河比赛互不相让。如果分离与黏合的作用不理想，则加入油脂，使成品更加松化，使黏合的熟澄面与分解的淀粉质的比例达到平衡，如不够平衡，用油脂中和，使植物淀粉、熟澄面、油脂三者达到平衡，通过加热油温达到起蜂巢的状态，这时成品既甘香可口，又状如蜂巢。掌握了这个原理后，就可以知道加入莲子、花生、绿豆等含大量淀粉的原料，能得到甘香松化，形似蜂巢的效果。

又例如通心煎堆，一般炸后的体积是生胚的五倍，这是物理膨胀的结果，原因是用糯米粉制作的糖面团压扁后，下锅时用的是中、小油温（油温大约120℃），且浸炸的时间较长，要10～20分钟。在这段漫长的浸炸时间里，粉团由于表皮受热糊化，在糊化的过程中，要边炸边用锅铲进行挤压。在挤压的过程中，外面受热糊化，粉团里的冷却气流不能向外排泄，只能向中间积聚。在漫长的积聚过程中，冷却气流在挤压时向中间不断积聚，表面的糊化程度越高，冷却气流疏散的机会就越小，只有向中间积聚，当积聚至一定程度，粉团因长时间加温由生变熟，冷却的气流也由冷变热，大量的热气流积聚在煎堆的中央，如果不及时起锅，气流会向外排泄。我们在加温时会看到成品中有一股白烟冒出，这便是煎堆因过熟而造成的“穿孔”现象。另外，压炸不均匀，一边厚一边薄同样会造成薄的一面穿孔。

炕：即把制成生胚的半成品放到烤炉内，通过加温过程中热的对流、传导、辐射作用，使半成品定型、上色、成熟的过程。如三明治方包，这个品种的加温时间较长，需半小时以上。方包中高火入炉，面火200℃，底火250℃，过15分钟后方包已定型，改用中火，约160℃，方包继续不断糊化、膨胀、定型。中途不宜移动这样大型的方包，用力过猛会让未熟的面团“塌陷”。当方包已熟，要迅速端离火位并用力拍打方包模，让方包离模后迅速脱模，否则方包收身。又如蛋挞，底火要用最高的温度，一般为250～300℃，面火也要有200℃，使皮层着色。由于蛋挞存在大量蛋的稀液，极容易成熟，因此入炉时只能用中高火，面火不能高于250℃，当蛋挞表面糊化后，面火要用物件（如烤盘、厚纸）遮盖，不能让已成熟的蛋挞表面继续升温。此时不能关面火，因为蛋挞的皮层还要加温继续着色和膨胀。直到蛋挞的皮层达到酥松熟透，底面同步成熟才出炉。因此要特别细致，否

则不能达到表面光亮、底酥化着色的效果。

还有一些炕烤的品种，底部不需要着色，面部要求焦香焦化。如面包布丁，传统称作“麒麟布丁”，加温时用一个较大的容器盛装半成品，放入已装了沸水的烤盘，成品底部通过水温作用令饱含蛋液的面包致熟，通过辐射、对流令表面焦化，这种加温方法称作“隔水炕”，成品能达到面焦香、底润滑的效果。还有西点中的“泡芙”，是用烫过的熟面团加入大量的蛋液和油脂，搅拌成半熟的糊化状的面团，然后利用模具或机器加工成各种形状进行加温。泡芙的加温工作需要非常细致，由于在制作过程中加入大量的蛋液和油脂，加温时表面的皮层迅速糊化，但内部仍有大量生的面团，表面成熟后，内部依然要受热膨胀和疏松。由于不能向外扩张，因此在内部形成空间。随着泡芙定型，炉温要调至最低。泡芙需待内部冷却的气流完全变热并形成通透状才可以出炉。如果泡芙内部的面浆还是处于黏液状态，则不能出炉，否则泡芙会很快“塌陷”，而且在加温的过程中不能用力移动，否则同样会造成成品无法定型。这些品种对炕烤的要求都比较高。另一个品种是用蛋白和大量糖粉制作的马铃薯，也是同样的原理，用较低的炉温把里面的湿气逼出来，让成品达到通心、酥松、松脆。不同的品种要求不同，在加温工作中要细心处理。各种不同的半成品有不同的要求，只有认识各种物料的属性和性能，才能把炕烤工作做好，制作出满意的成品。

水煮：在点心中的用途越来越广泛，如水煮牛肉丸、云吞、水饺、面条等，究竟怎样水煮才能把食物加温至理想的效果呢？首先要认识水煮的原理。我们不应该在水沸腾时投放半成品，因为如果是起“大浪”的水，投放的半成品不论牛肉、水饺、云吞，熟度都无法达到表里一致，因为在沸点投放的半成品的表面淀粉将迅速糊化，形成外面的皮层熟而馅心未熟，使成品表皮糜烂，若是带馅料的

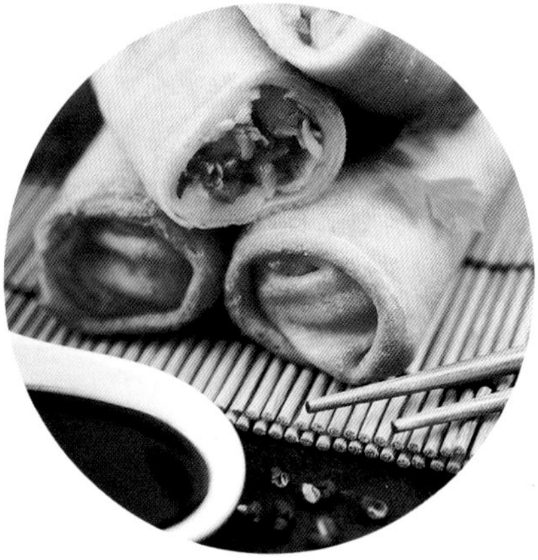

成品，其鲜味和肉味会释放到水中，所以，水煮时要注意点心的包制规格。过去前辈们对此是有规定的，一般每个云吞重约10克，水饺重约15克，目的是让外面的皮层与馅心同步熟，但现在的港式云吞，一个云吞达到50克，标新立异，其实这违反了水煮的规律。一个拳头大的云吞，水煮时馅熟了而面皮早已过熟糊化，接近糜烂。港式云吞夸大宣传，与传统品种的要求刚好相反。过去常见面铺的师傅边放面边加入冷水，有什么道理？其实是让水温不要过高，面条不要过快糊化，使表里的熟度达到一致，成品的口感达到要求。又如水煮牛肉球，如果下锅时水温过高，牛肉球的表面会迅速受热而先熟，球心部分则后熟。当牛肉球的球心熟时，表面部分早已“过火”，鲜味尽入沸水中。肉团个头越大，馅心熟透所需的时间越长，鲜味越易流失，表面过火“老化”，则失去了水煮牛肉球的风味。因此，一般牛肉球以每个不超过40克为宜，水温保持在80℃不超过90℃，这样容易表里同步由生至熟。若在水沸腾时下锅会给任何水煮成品带来一定缺憾，起不到应有的效果。水煮岗的从业人员要明白这个道理，才能煮出合要求的品种。

焓：也是点心较重要的加温方法，除人们最熟悉的粽子外，西点的布丁、潮流兴的凤爪，也需要使用焓的方法。焓，要注意是沸水投料；锅底要放垫子，不要使成品直接接触容器底部。以粽子为例，不管是咸肉粽、裹蒸粽还是甜粽，都不能用同一火温加热至熟，要根据粽子的大小、使用的物料来选择火温。一般常见的粽子，焓时需明火3小时以上，然后焗1小时，让水温充分渗透，否则不能达到豆香肉溶化的效果。经过焗的粽，甜的不“生骨”（不嫩滑），咸的肉溶化。焓的过程中不能加冷水更不能移动，移动会令绳子脱落，粽叶散开。

又例如西点的焓“人头布丁”，是传统名点，即在牛油蛋糕中加入各式干果，在棉质布上铺上油纸，扫上薄油，倒入牛油蛋糕浆，扎好收口，呈圆球状，水沸后放入布丁，吊好，进行加温。生的牛油蛋糕受热糊化，外面的水蒸气渗透到半成品中，由于有油纸阻隔，水分不会渗入牛油蛋糕内部，就这样通过焓的方式让布丁由生至熟。这个过程中，蛋糕受热、疏松、膨胀、熟后浮在水面。取出，晾凉，解开，蛋糕呈“柚子”状，然后切件，淋上果酱、炼奶或其他酱汁食用，口感非常嫩滑清香，与牛油蛋糕风味不同。

又例如凤爪，经猛火炸好后漂水，去掉部分油脂，加入香料（丁香、玉桂、花椒、八角、草果等）和适量的开水经过近30分钟的焓，香料和肉料相互渗透，达到离骨的状态，才捞起滤去水分，用调味料酱汁调味，再蒸。如果没有焓的过程，凤爪则达不到口味要求。

炖：过去人们把“蒸”和“炖”混为一谈，其实在点心中“蒸”和“炖”不同，并不能将其总结为“蒸是猛火，炖是中慢火”这样简单的一句话。“炖”最贴切的解释是：不管是炖布丁、双皮奶还是炖蛋，都要先旺火后阴火。先旺火即让成品表面受热，迅速糊化，形成表面固定的皮层，接着用阴火（即炉内仅有的余温）逐渐渗透到内部，达到表里均嫩滑。以碗计，一般200克的分量，前1分钟用猛火，再用阴火炖4～5分钟，两种火候共炖6～7分钟，这样便能使表面明亮如镜。先旺火后阴火对成品的作用在于：表面形成张力，成品饱满有光泽，冷却后也不会“塌陷”，先旺火指加温过程前1分钟，阴火指水还没有波动而已有热气上升。先旺火后阴火有一定的技巧，要视成品的体积而定，过早收阴火会下坠，过晚收阴火会起气孔而老化，掌握恰当的要领非常关键。另外，炖水分充足的点心，在加温过程中容器不能被水蒸气的热力所移动，半成品在加温时受到震动会难以凝固，成品会上稀下稠。

炒：很多点心都需要使用“炒”的方法。过去人们没有把“炒”作为点心独立的加温方法。现时较流行的熟馅均需“炒”和“煮”，否则无法制熟。除炒熟馅外，还有炒银针粉、炒面、炒年糕等，均需点心部门通过炒的加温方式使点心从冷到热、从生到熟。我们应该强调“炒”这一点心制作中的重要加温途径。“炒”的主要特点：一是要求相互间的物体不管丁、丝、粒、片，均要大小、厚薄一致，否则会生熟不均，受热不匀，二是要急火快炒，关键是把锅烧热去“咸气”，放油，锅热油凉，下原料进行急火快炒，出来的效果会非常鲜明、松散。特别是馅料，需要过油的要牢记口诀：把锅烧到最热，放最嫩的油（未大热的油），快速将需泡油的肉类或虾类等原料投入锅中，由于锅较红（锅被烧的很热）而油较嫩，原料投入后，用锅铲一推便可把原料推散，原料在短时间内不断受热，部分已泡熟，此时油还较透明，达到经泡油后肉类或海产品较嫩滑的效果。如果不是这样，在泡油时没有把锅洗干净且烧去“咸气”，或用炸过的滚油泡油，放入原料后会沉到底部，过火，原料呈饭焦状，

不但达不到嫩滑的效果，还适得其反，失去了炒和泡油的意义。作为点心的加温方式，炒是不可缺少的。

煲：最常见的是煲粥，煲粥岗是点心部的一个岗位。煲更是点心制作中一个重要的加温形式和环节，点心加温，不能缺少了煲。“粥”是一个总称，粥的品种多样，有肉粥、甜粥、白粥。煲粥首先要注意选米，其次注意水和米的比例。一般的比例为米和水1：18或1：20。只有充足的水分，才能在长时间明火煲制中达到香浓的效果。煲粥和油器（凡是用油炸的食品的统称）一样，有一个明确的口号——“明火”，没有明火便没有特色和生命力，明火要保持两小时以上，其中一小时要有抛“大浪”的火候，米开始糜烂时改用中火，粥才能达到香、浓、溶、化。特别是白粥和肉粥，要用适量的油脂，一般是米量的10%～30%。不管用什么容器，都要注意煲的程序和火候，这是点心制作中不可缺少、独树一帜的加温方法。

焙：现在人们把“烘”与“焙”混为一谈，其实它们是大有区别的，“焙”的原料要求全熟，而“烘”所选用的原料不要求全熟。在点心加温中，需要“焙”的通常是饼类，如白糖饼、炒米饼、杏仁饼、薏米饼等，这些饼类都是通过焙的形式而制成的。例如杏仁饼，制作的原料绿豆粉、杏仁都是经烘后成粉，已是熟料，与烘的品种有很大的区别。焙是把原来已分散的物体经过压制，把油脂、糖粉、面粉混在一起，加入适量水分，初步压成团状，大批放入焙房中，焙房的温度控制在50～60℃。焙房的作用是使饼中的水分蒸发掉一部分，令原本松散的物料成形，如白糖饼、杏仁饼咬时觉硬，吃时口感却非常松化。这种效果无法用烘烤来达到。如今澳门依然宣传 “炭焙杏仁饼”，这种做法除能令水分蒸发外，还可使饼身存留炭香味。

所以，焙和烘烤是完全不同的加温方式，当然现在的做法是用炕炉进行焙制，效果相差很远，没有焙的效果。焙需要有炭房和放入大量的需焙制品，炭烧尽时，饼的水分刚好挥发完，饼身的硬度非常合适，然后出焙房进行包装。

烧：虽然对于点心而言，我们较少使用烧的方式，但也有例外，如忌廉批、梳乎厘。用明火喷枪喷烧点心表面，可达到表面着色、浓郁焦香的效果。我们在烹饪梳乎厘的蛋白时使用的就是这种方式。而北方的烧饼也是通过明火直接加温而成的。“烧”与“炕”有什么不同？烧的成品除松、酥、脆化外，还有焦香的风味。在点心中，烧的情况虽不多，但也有其作用。现在点心部使用的晒炉、照炉，就是不要底火只要面火的一种加温工具，这些照、晒、烧的方式达到了异曲同工的效果。烧也是点心制作中常用的加温形式。

近来流行的“串烧”，也是点心部门的工作。“串烧”即用蔬果、玉米、薯类等加上鸡翅或腌好的肉类穿在一起，用明火烧，是近来流行的做法。这些都是通过明火令食物由生至熟，达到焦香，在加温过程中还可涂上麦芽糖或蜂蜜，达到外焦内香的效果。“串烧”也是点心加温的形式之一。

附录三

全蛋面和叉烧包芡的制作方法

一、全蛋面的制作方法

1. 配方

高筋面粉1斤（500克）、净鸭蛋4.5两（225克）、浓度为50°的枧水2钱（10克），另备生粉（用布袋盛载）做粉心用。

2. 制作方法

做好面条的关键在于“埋面”（和面）。其做法是：

（1）把面粉筛过开面窝，把净鸭蛋、枧水放进窝中拌匀，用“太极推手式”把蛋液和面粉拌匀，并反复在案台揉搓，让其相互渗透，这步工作做好了，靓面条便成功了一半。

（2）把含蛋液的面粉用内劲由松散状搓成条状，此时面团才和好。这一环节没有一定功底是很难做好的。

（3）“埋好”的面放置半小时，如果采用“竹升”，一开始“跳升”时，需要把面块反复跳压约半小时（如不用“竹升”就用压面机压薄），然后把面块“开一字”。所谓“开一字”就是将面块由不规则形状用刀切成一字形平整状，并把边角放回面块中，再“跳升”由厚至薄，当跳压至约5厘米厚度时，开始用木棍卷起，用生粉做粉心，继续用木棍反复压薄至2厘米厚，用锋利面刀切成宽条或细条，切好后把面条结成面球（也可用机梳压出面条），就完成全蛋面的制作了。

3. 制作关键

将面团和好是制作的关键，若和不好面则做不好全蛋面。

现在市场所售面条大部分因添加了过量的添加剂，经长时间煮仍非常爽韧不断烂，但这种面条多食会影响身体健康。

二、叉烧包芡的制作方法

1. 配方

低筋面粉4两（200克）、生粉2两（100克）、猪油3两（150克）、生油3两（150克）、生抽6两（300克）、白糖8两（400克）、干葱头1两（50克）、蚝油2两（100克）、胡椒粉1钱（5克）、鸡精1钱（5克）、味精1钱（5克）、清水3.8斤（1900克）、尾生油2两（100克）。

此芡起到了甜、咸、鲜的效果。

2. 制作方法

（1）用1斤（500克）水将2两（100克）生粉开成粉浆待用。

（2）用6两（300克）油（猪油和生油混合）将1两（50克）的干葱头用慢火炸至葱身干脆后捞起，倒入4两（200克）低筋面粉在葱香油里边推边炸，约炸1分钟后，把1.8斤（900克）清水徐徐倒入炸香的油粉中，边炸边推匀。在推的过程中，把生抽、白糖、蚝油等调味料全部加入，边推边搅拌，最后将1斤（500克）清水和2两（100克）生粉开成的粉浆倒入，慢慢搅拌均匀，面粉受热糊化，成为淡茶色的面糊，它会随着温度的不断升高而熟透。当面糊起大泡并冒烟时，则可倒出，等冷却后便成为叉烧包芡。

后记

广式点心，有其天时、地利等因素，博采众长，融会贯通，自成一格。在世界饮食行业中，颇具特殊地位。所谓特殊，就是在世界芸芸众生的饮食领域中，广式点心品种之多，使用原料之广，兼收并蓄之宽，均无可比拟。

当人们谈及广式点心有多少品种，至今无人能答，屈指数来，又何止百千……由此可见其品种之多，涵盖内容之广也。

本人在粤点之岗默默耕耘逾七十春秋，在仅有的岁月中，愿为粤点界再尽绵力，毅然执笔，以广式点心为主题，编写此书，不当之处，祈求斧正。

由于水平所限，加之七绝的平仄韵律要求严谨，故写作过程，有肩压千斤之感，拙劣之作，望读者见谅！

所幸，得原中新社广东分社社长钟征祥先生对本书写作的耐心指导，尤在七绝音韵中的谆谆教诲，最后得以草成劣作，在此，特向钟老师表示万分谢意！此外，感谢广州地区烹饪协会胡学铭先生为本书作序和撰写“诗意”“诗赏析”；本书的文字整理及图片拍摄，深得爱徒关炳章、吴智诚、梁国强、张国泉等鼎力支持，辛勤付出。

更有幸，蒙潘鹤和蔡澜两位当代文坛巨匠题词和作序，在此表示衷心感谢！

回眸本书，自感尚有缺憾和不足，部分诗句词语有口语化之弊，但已尽全力矣！正是，“梦毕花飞才已尽，埋头再读十年书”。

诗集的出版，旨在抛砖引玉！错漏之处在所难免，祈待指正的嘉言！

最后自我填词一首作为结束语，以表心声。

何世晃

《江城子》 弘粵撰

老來尤發少年狂

左求賢丨右拿槍(筆)

古藉頻翻為畫釋端詳

刻苦廿弘揚粵饌

多耻問丨訴衷腸

醒來晝夜捲詞章

鬢如霜丨又何妨

食在廣州祈盼續輝煌

盡瘁之軀爲啓後

勤苦學丨氣軒昂

何世晃敬書

图书在版编目（CIP）数据

何世晃经典粤点技法／何世晃著．—广州：广东科技出版社，2018.10（2024.1重印）
ISBN 978-7-5359-7010-7

Ⅰ．①何…　Ⅱ．①何…　Ⅲ．①面点—食谱—广东　Ⅳ．①TS972.132

中国版本图书馆CIP数据核字（2018）第203574号

何世晃经典粤点技法

Heshihuang Jingdian Yuedian Jifa

出 版 人：朱文清
项目统筹：钟洁玲
责任编辑：方　敏　李　莎
装帧设计：友间文化
责任校对：李云柯　罗美玲
责任印制：彭海波
出版发行：广东科技出版社
（广州市环市东路水荫路11号　邮政编码：510075）
销售热线：020-37607413
https：//www.gdstp.com.cn
E-mail：gdkjbw@nfcb.com.cn（编务室）
经　　销：广东新华发行集团股份有限公司
印　　刷：广州一龙印刷有限公司
（广州市增城区荔新九路43号1幢自编101房　邮政编码：511340）
规　　格：787mm×1092mm　1/16　印张16　字数400千
版　　次：2018年10月第1版
2024年1月第5次印刷
定　　价：128.00元

如发现因印装质量问题影响阅读，请与广东科技出版社印制室联系调换（电话：020-37607272）。